UNE PROMESSE DE NATURE

Du zoo au Bioparc, une révolution

PIERRE GAY
Avec la collaboration de Frédéric Denhez

UNE PROMESSE DE NATURE

Du zoo au Bioparc, une révolution

Éditions Delachaux et Niestlé

Crédits photographiques

Photographie de couverture
Laurent Joffrion

Hors texte
Pierre Chabot : p. 2 (b), p. 4 (b), p. 6, p. 7, p. 8, p. 9, p. 12, p. 14 à 16 ; *Le Courrier de l'Ouest* : p. 1 (hg) ; Paul Éric : p. 10-11 ; Famille Gay : p. 1 (sauf hg), p. 2 (h), p. 4 (h), p. 5 (h) ; Laurent Joffrion : p. 3, p. 13 ; Heinz Plenge : p. 5 (b)

Préparation de copie : Estelle Roquetanière
Correction d'épreuves : Christiane Keukens

ISBN 978-2-603-02416-4

Dépôt légal : mars 2016

À mon père, pour m'avoir offert une vie passionnante.
À ma famille et à tous ceux qui ont accompagné cette magnifique aventure depuis cinquante-cinq ans.

Prologue

Je ne peux pas m'en empêcher. Quand je marche dans les allées du Bioparc, je parle aux gens, j'arrache une herbe folle, je taille une branche, je mime l'atèle et je hurle le lémurien, selon mon humeur. Je n'y peux rien. Je marche dans les allées d'un parc qui est aussi mon jardin et ma généalogie. C'est comme me raconter une histoire chaque jour. La mienne. Celle de ma famille. Celle, aussi, des zoos car ce que nous avons fait, à Doué-la-Fontaine, est à la fois le reflet et le moteur d'une évolution sensationnelle du monde des parcs zoologiques.

C'est pour raconter cela, cette imbrication de ma vie et de celle de mon zoo, des zoos, que j'ai voulu écrire ce livre. Pour expliquer. J'ai toujours aimé expliquer, pour faire changer les choses. Expliquer comment, de consommateurs de la nature, les zoos sont devenus en quelques dizaines d'années des partenaires indispensables de la conservation des espèces menacées.

Les parcs zoologiques, publics et privés, se sont multipliés au début des années 1960, époque où le développement des loisirs, mêlé au besoin de nature des populations ayant migré vers les villes, se conjuguait avec le début de la mondialisation, la conquête des derniers espaces sauvages, le remembrement agricole et l'arrivée d'espèces exotiques rapportées par les hommes et les femmes renvoyés en France par la décolonisation. Cette nouvelle mode des zoos et autres parcs, qui s'est d'abord développée de manière anarchique, a été vite critiquée, car les animaux n'y vivaient pas bien. Tout le monde se souvient de loups efflanqués tournant en rond en se mordant la queue sur un vilain sol en béton. Les zoos, considérés comme des mouroirs, des prisons, ont alors bien failli être interdits. Plus personne n'en voulait ! La presse des années 1970 fut impitoyable. Puis les choses se sont calmées. Le développement des zoos a été encadré. Ils ont été transformés, notamment grâce à des personnalités qui ont fini par comprendre quel pouvait être l'apport de l'élevage en captivité pour le sauvetage d'espèces au bord de l'extinction.

Des personnalités que j'ai eu la chance de rencontrer, que j'ai parfois convaincues, des hommes et des femmes dont la passion a nourri la mienne pour découvrir d'autres horizons, labourer de nouveaux champs, tracer des sillons originaux. Pour changer les choses : c'est ça, mon but dans la vie !

Cette histoire des zoos modernes, c'est donc aussi la mienne. Cinquante-cinq années passées dans un parc qui m'ont permis non seulement de vivre ma vie d'enfant, d'ado, d'homme, de fils, de mari, de père, de grand-père maintenant, mais encore de participer à cette transformation.

Mes racines, c'est l'héritage de mon père qui m'a embringué dans cette aventure, sans me forcer à le suivre. La nature, ça a toujours été pour moi une passion viscérale, née, comme chez lui, de l'immersion dans la nature ordinaire de l'Anjou. J'ai traîné mes guêtres dans le zoo que mon père avait créé pour se sortir de l'héritage de bistrot-hôtel-restaurant que tout Aveyronnais devait prolonger *ad vitam æternam*. J'ai essayé de m'éloigner ensuite de ce nouvel héritage zoologique mais j'y suis revenu, fort du constat que ma vie était incroyablement liée à celle des animaux que j'avais eu l'habitude de côtoyer depuis tout petit. Avec une sensibilité affûtée par les aspirations de liberté des années 1970, qui m'avaient ouvert la porte de rencontres bouleversantes et de voyages fondateurs, j'ai pu développer ma propre vision du zoo. Que mon père a acceptée, comme un passage de relais. J'ai pu changer sa façon de faire, la manière de présenter nos animaux, dans ce site incroyable qui nous a permis de créer une immersion naturelle, en creux dans le paysage ligérien.

Et le zoo a changé, car il est le reflet de son temps. Comme moi. Agrandissement considérable des enclos, naturalisation des présentations, importance croissante donnée à la végétation et au respect de la discrétion des animaux ; et connexion avec le monde réel, à travers nos projets de conservation des espèces dans les régions d'où viennent leurs représentants vivant chez nous. Conservation non seulement des animaux eux-mêmes, mais du lien, mal compris, délité, entre ceux-ci et les hommes qui vivent avec eux, difficilement. L'érosion de la biodiversité, que limite l'existence des zoos aujourd'hui reconnus comme gardiens de la pérennité génétique d'espèces menacées de disparition, c'est avant tout une concurrence pour l'espace entre des pauvres et des bêtes. Si l'on ne travaille pas là-dessus, on montre qu'on n'a rien compris, que la nature est supérieure à l'homme et, *in fine*, on ne change rien.

Aujourd'hui, alors que mon père vient de mourir, l'arrivée de mon fils, ingénieur paysagiste, permet de franchir une nouvelle frontière : l'immersion, indispensable pour que les visiteurs, plutôt que de la consommer, ressentent la nature. Car, pour moi, l'essentiel n'est pas que nos visiteurs en aient pour leur argent, mais pour leurs émotions : ce qui compte est moins de voir le tigre que d'avoir ressenti sa présence. C'est ça, le lien entre l'homme et la nature. Cette part d'animalité qui fonde notre humanité.

Voilà pourquoi j'ai choisi ce nom de Bioparc pour rebaptiser le zoo de Doué-la-Fontaine. Coller au plus près des besoins physiologiques des animaux en les considérant comme les catalyseurs des retrouvailles entre nous et la nature sauvage, d'où leurs ancêtres sont venus et où leurs descendants retourneront peut-être un jour. Nous ? Public, professionnels, employés, nous pouvons tous, par notre comportement quotidien, participer au maintien et à la restauration de la biodiversité dont nous faisons partie.

LE VOL DU CONDOR

Suspendu entre deux ailes déroulées en tapis de prière effrangé, le condor tournoie timidement en me regardant. Presque aussi large qu'un albatros, il a une tête de dindon et un cou d'autruche entouré d'un coussin de duvet blanc. Lorsqu'il était posé tout à l'heure, hésitant face à un horizon désormais plus large que celui de sa volière, il avait le chef rentré entre ses ailes. On aurait dit un juge enfoncé dans son manteau d'hermine. Un juge des âmes. Celui de ma mère, peut-être ? Après son décès, mes amis argentins avaient, à ma demande, offert son prénom, Noëlla, à l'un des condors libérés. Depuis, l'image de ma mère est ici, accrochée au-dessus des Andes, face à l'Atlantique Sud. Elle ne s'est pas réincarnée en oiseau, mais tant qu'il vivra, le condor baptisé de son prénom animera le lien entre elle et moi, entretiendra pour elle celui entre la terre et le ciel. Dans mon esprit, son souvenir vogue sans fin sur les courants aériens, là-bas, de l'autre côté de la terre.

El condor pasa

Le condor qui est aujourd'hui devant moi vient à peine d'être relâché. Né au Grand Parc du Puy du Fou l'an dernier, Ayni est le premier condor des Andes né en Europe à retrouver la terre de ses ancêtres.

Ici, il est dans son élément. Les falaises de la Sierra de Pailemán sont trouées de grottes, de surplombs, de plats et d'abris où il pourra bientôt nicher facilement. Quand il aura appris à bien s'appuyer de ses ailes noir et blanc sur les thermiques qui l'emmèneront là-haut, sur sa vigie aérienne, il saura repérer les guanacos tués par les pumas, les éléphants de mer morts échoués sur les plages, pour se nourrir de leurs cadavres. Ce lourdaud d'une douzaine de kilos est sacré pour les Quechuas andins et aussi pour les Mapuches, qui vivaient ici, au nord de la Patagonie, avant l'arrivée des Européens.

C'est au pied des falaises inaccessibles où ils se posent pour passer la nuit, les *condoreras*, que les anciens Amérindiens enterraient leurs morts, confiant à *Vultur gryphus* le soin d'emmener leur âme vers les dieux, là-haut dans le ciel. La pratique n'existe plus et les Mapuches, dépossédés de leur culture et de leurs animaux totémiques, ont oublié cette tradition. Ainsi, pour retrouver des vautours chargés des mêmes symboles, il faut se déplacer jusqu'au Tibet ou en Inde. Dans notre culture, un mort est confié à la terre ou aux flammes ; là-bas, il l'est au bec acharné et à l'estomac assimilateur des grands oiseaux. Cela peut choquer, même si des touristes paient pour voir ça. Le spectacle est très violent car, en quelques minutes, les vautours, frénétiques, réduisent une dépouille à son squelette ; mais après tout, n'est-ce pas une belle fin que d'offrir ce qu'on a été au cycle de la vie ? Il n'est pas acquis toutefois que j'abandonne mon enveloppe charnelle de cette façon…

Depuis 2006, la fondation BioAndina, que le Puy du Fou et le Bioparc soutiennent depuis 2007, s'occupe de réintroduire cet efficace recycleur de matière organique qu'est le condor des Andes sur la façade atlantique de la Patagonie. La chasse y avait effacé sa silhouette du ciel il y a cent soixante-dix ans. BioAndina centralise donc les œufs pondus dans quelques zoos sud-américains au zoo de Buenos Aires, où une unité d'incubation spéciale leur est destinée ; les oisillons sont ensuite nourris par des soigneurs dont les mains sont cachées dans des marionnettes à l'effigie de condors adultes. Il s'agit d'éviter l'imprégnation des oiseaux par l'homme, ce qui nuirait à leur future libération. Les jeunes continuent leur vie en volière, près de condors sauvages récupérés blessés dans la nature et soignés, jusqu'à ce que l'équipe décide de les relâcher, toujours début septembre, par groupe de quatre individus. Pourquoi quatre ? Parce que c'est le nombre maximal de « soigneurs » que notre contribution annuelle peut salarier, chacun d'entre eux prenant en charge la surveillance permanente d'un jeune condor pendant quatre mois. Condition *sine qua non* pour que cette utopie soit le seul projet de conservation au monde ayant un taux de réussite de 100 %.

Chaque fois, c'est un cérémonial intangible, orchestré par les Indiens, qui ne pourraient imaginer rendre à la nature un porteur d'âme tel que le condor sans que l'âme de celui-ci ait été préalablement célébrée. Sans cela, elle dérangerait les autres formes de vie et ne pourrait exercer convenablement son rôle. Quand le condor s'envole enfin, les mille spectateurs attirés par l'événement lèvent les bras au ciel en criant : « *Marichiwau !* » Un spectacle étrange qui me ramène toujours les pieds sur terre, moi qui n'ai jamais cessé de chercher les racines de toute chose, y compris les miennes.

Lourd, un peu moche, se dandinant au sol tel un gros moine boiteux, le condor des Andes est en l'air un voilier somptueux de légèreté. Comme l'albatros à qui je l'associe dans sa démesure. Il me fascine. Le regardant ici avec mon fils cadet Christophe, que j'ai enfin pu arracher à ses tournées d'opéra, je me rends compte que cela fait trente ans qu'il me fascine, depuis qu'un couple de vieux condors nous a été confié par des amis hollandais pour qu'il se reproduise, pour la première et dernière fois de sa vie, à Doué, en 1985. Cela fait trente ans, finalement, que cet oiseau est un catalyseur permanent. La vie n'avance que par sauts, avec des déclics ; le condor des Andes a été celui de la prise de conscience qu'un zoo pouvait, devait établir un lien entre sa maîtrise de l'élevage et l'abandon à la nature, entre la captivité et la liberté. C'est sans doute depuis que mes yeux se sont embués en admirant le vol du condor que j'ai une vision très claire du soutien que les zoos ont le devoir d'apporter à la nature.

Les Terrasse des Cévennes

Une vision qui a d'abord été portée par le cousin éloigné du condor, le vautour fauve. Quelque part en Lozère, grâce au souffle des frères Terrasse, Michel et Jean-François.

Ces deux-là sont exceptionnels. Des ours, assurément ; des hommes, surtout, amoureux de la nature, des Cévennes et des rapaces géants. En 1979, je rencontre Michel, qui n'a pas *a priori* une belle opinion des parcs zoologiques. Les zoos possédaient alors une image détestable auprès des protecteurs de la nature. Vice-président de la LPO (Ligue de protection des oiseaux), Michel est l'initiateur du FIR (Fonds d'intervention pour les rapaces). Selon lui, les zoos étaient des prisons, au mieux des spectacles, et certains commençaient déjà, en ces années giscardiennes, à ne parler de nature que pour améliorer leur image. Des horreurs à fermer d'urgence, c'est ainsi que le monde naturaliste et de la protection animale considérait les parcs zoologiques. Je savais donc à quoi m'attendre en rencontrant Michel Terrasse. J'arrivai pourtant à le convaincre de ce qui était pour moi une évidence : mon zoo devait s'enraciner dans la nature sauvage, dont il était un ersatz, en participant à son repeuplement. Deux ans auparavant, en 1977, mon père avait décidé de troquer nos collections historiques de serpents, avec lesquelles il avait fait connaître Doué, contre des vautours fauves. Fauves comme le lion, moins impressionnants que le condor, une tête plus sympathique tout de même, d'un blanc angélique bordé d'une fraise de duvet. Ils assuraient un spectacle plus dynamique, faut-il dire : craintifs, pas agressifs, ces oiseaux qu'on récupérait blessés dévorent encore aujourd'hui devant nos clients des quartiers de viande à heure fixe. Des griffes, des becs, de la chair et du sang, un vrai succès.

Étonnant succès en fait, car l'oiseau, tout engoncé dans ses plumes comme l'homme qui sort de la douche l'est dans sa serviette, avait une réputation détestable. Il est charognard, en effet, et cela avait suffi à lui coûter la vie sur le sol français. Le charognard est un pillard, et les pillards, comme les détrousseurs de cadavres, n'ont jamais été placés très haut dans notre échelle sociale. Les vautours sont donc morts, en France, non par manque de nourriture – car il y a toujours quelque part une brebis ou une vache qui tombe –, mais sous les balles des chasseurs, et en ingurgitant des appâts imprégnés de strychnine mis à disposition des renards honnis. Dans les années 1930, la drôle de guerre contre ces deux « nuisibles » avait abouti à la disparition de *Gyps fulvus* et de ses cousins. Depuis, le ciel des Grands Causses manquait d'ailes, déploraient les frères Terrasse. Parcourant le domaine du parc national des Cévennes, ils visitèrent tous les hameaux, toutes les fermes, la moindre bergerie, ils empruntèrent les chemins les moins entretenus pour tenter de changer l'image du vautour. Aux éleveurs qu'ils rencontraient ils démontraient le rôle éminemment sanitaire du rapace à poitrine fauve en projetant des images du film de Jean-François Terrasse, *Le Bal des charognards*. Un rôle que les paysans connaissaient bien, qu'ils appréciaient même, tout en s'en dégoûtant. Le vautour fauve nettoie un cadavre jusqu'aux bactéries et virus, qui ne passent pas la barrière de son système digestif. Un équarrisseur, un éboueur ? Plutôt un nettoyeur ! Quand je repense à l'odyssée cévenole des frères Terrasse, quelle abnégation ! Les imaginer parlementant, gentiment, souriant avec des hommes et des femmes pour qui le rapace n'était encore qu'un propagateur de maladies, un tueur d'agneaux et un kidnappeur de bébés au berceau, me laisse encore aujourd'hui admiratif. Les frères Terrasse sont une des plus grandes rencontres de ma vie. Pas seulement de la mienne, d'ailleurs, car c'est l'histoire de l'écologie française qu'ils ont marquée.

Cet oiseau, qui était vénéré dans l'Égypte antique comme le condor l'est toujours par les Indiens d'Argentine, a été détesté presque autant que le loup dans les Cévennes. Avec le temps, au fil de réunions et de conférences, les Terrasse parvinrent à arracher les derniers lambeaux de légende encore accrochés à la carcasse des idées reçues : « Regardez les pattes de poule de ces vautours, vous pensez franchement qu'ils peuvent tuer avec ça ? Voyez comme ils sont timides ! Ils y regardent à deux fois avant de se précipiter sur un cadavre. Souvent, d'ailleurs, c'est parce que de grands corbeaux sont déjà dessus qu'ils s'y risquent. » Voilà ce qu'ils ont passé des années à dire aux paysans.

Des bouldras dans le Tarn et la Jonte

Lentement, les paysans acceptèrent ou ne dirent mot. Et au milieu des années 1970, les frères Terrasse purent bâtir trois volières à la confluence du Tarn et de la Jonte, au sommet des falaises. Ils y placèrent des oiseaux blessés ou malades, récupérés dans des zoos et en Espagne, où l'espèce se portait plus que bien. Un petit groupe d'une douzaine de candidats à la liberté.

C'est à ce moment-là que je rencontrai Michel Terrasse. Il cherchait des vautours dans les zoos français pour son projet de réintroduction – le premier projet de réintroduction d'une espèce sauvage dans la nature au monde – afin de les relâcher en Aveyron, terre de mes ancêtres. Je n'eus pas à le convaincre de mes bonnes intentions vis-à-vis de ces oiseaux et lui promis une collaboration sans faille. Deux ans après, en 1981, le groupe de pionniers fut libéré. C'étaient des timides, je m'en souviens ! N'ayant connu que les hommes, ils voletaient et revenaient, ne sachant rien des thermiques, hésitant à étendre leurs ailes pour en profiter, certains allant jusqu'à quémander leur nourriture à la porte de Justin, le berger des vautours qui les avait soignés pendant leurs années de volière. Ils n'étaient pas non plus des artistes du nid, ces relâchés. Michel Terrasse et les gardes du parc durent leur faire la leçon. Accrochés à flanc de falaise, ils passèrent des jours à peindre de fausses coulées de fiente sous des rebords, pour faire croire à leurs protégés que leurs congénères avaient déjà niché là ! Un stratagème loufoque qui leur permit de gagner leur pari, les vautours commençant à constituer leurs nids sur les replats ainsi désignés. En 1983, je pus enfin remettre à Michel un poussin né à Doué. Il apprit à voler dans notre « Fosse aux charognards » et fut bientôt libéré sous le nom... de Doué. Le premier d'une longue série – j'en ai perdu le compte exact. En tout, tous fournisseurs confondus, une soixantaine de « bouldras », comme on les appelle dans les Cévennes, ont été offerts au vent entre 1981 et 1986. Cinq des pionniers – dont un certain « Chirac » – vinrent terminer leur vie à Doué, en échange d'une demi-douzaine de vautours douessins ayant pris l'habitude de survoler la campagne angevine. Une vingtaine moururent sur les lignes à haute tension ou de n'avoir pas su se déshabituer des hommes. Les autres se nourrirent largement de la loi de 1998, autorisant les éleveurs à laisser à l'air libre, en des endroits précis, les animaux qu'ils perdaient. Ces éleveurs, qui longtemps avaient détesté les vautours parce qu'ils « charognaient », les regardaient maintenant avec reconnaissance car leur activité d'éboueurs leur permettait de ne plus confier leurs animaux morts à l'équarrissage, et donc d'éviter une lourde dépense. Ce faisant, en débarrassant les Cévennes de ces carcasses, les vautours rescapés de la liberté se sont maintenus en santé au point de bien se reproduire. Ils sont les fondateurs de la colonie actuelle, riche de plus de trois cents couples reproducteurs. Il y aurait en tout plus de huit cents oiseaux aujourd'hui qui traceraient des spirales quotidiennes dans les gorges du Tarn et de la Jonte. C'est à partir de là que la vallée du Tarn, entre Le Rozier et Millau, a été colonisée, avant les gorges de la Dourbie.

Aujourd'hui, après les relâchers de vautours moines et de gypaètes dans ces mêmes vallées, ils renforcent l'attraction touristique de la région et sont le symbole d'une biodiversité restaurée.

Réparer les lignes de vie

Je suis fier et ému d'avoir participé à cette aventure pionnière car j'ai pu démontrer à leurs contempteurs que les zoos étaient autre chose... que des zoos.

Qu'ils pouvaient libérer des animaux pour les rendre à la nature. Qu'ils étaient légitimes, tout autant que ces contempteurs, pour préserver la biodiversité. En réalité, cette expérience m'a bien plus marqué que cela. Elle m'a montré que les zoos, que mon zoo, celui créé par mon père, avaient la capacité de renouer les lignes de vie. Celle du vautour fauve avait traversé les millénaires jusqu'à rompre à cause de l'homme. Grâce à quelques-uns, grâce à mon zoo, cette ligne, au-dessus des Cévennes, est réparée et maintenant se renforce, ne risque plus de s'effilocher, de se briser. Une ligne qui va bien plus loin que cela en fait, car celle du condor m'a appris qu'elle relie spirituellement les hommes à la nature. C'est d'ailleurs Michel Terrasse qui m'a mis en contact avec Luis Jacome et Vanessa Astore ; ils sont l'âme de BioAndina et sont aussi devenus des amis proches.

En Bulgarie, la même ligne, réparée, relie à nouveau les hommes à leur passé, c'est-à-dire à leur avenir. Dans ce pays magnifique, réellement sauvage – voyez par exemple les somptueux monts Rhodopes qu'empruntèrent les premières croisades –, les vautours fauve, moine (qu'on ferait mieux d'appeler noir comme les anglophones, *Aegypius monachus*) et percnoptère (*Neophron percnopterus*, tout blanc, bec jaune, presque deux fois plus petit que les vautours fauve et moine), ainsi que le gypaète barbu (*Gypaetus barbatus*, aussi grand que ses congénères, tête couleur crème, barbiche et ailes pointues), furent durant des siècles les auxiliaires habituels des éleveurs. Évacuant les cadavres de leurs bêtes, ils assainissaient les campagnes. Mais voilà : le gouvernement prosoviétique fit disparaître le pastoralisme en l'étouffant sous la collectivisation, tandis que le nombre décroissant d'éleveurs se protégeait des prédateurs de leurs troupeaux en empoisonnant les innombrables cadavres du bétail, vaches et brebis tuées par les loups (quand je vous dis que la Bulgarie est un paradis...). En un demi-siècle, le sort des quatre charognards fut scellé : au début des années 1960, il fallait se lever de bonne heure et rester particulièrement discret et bien camouflé pour espérer avoir la chance d'apercevoir un vol de vautour percnoptère dans le ciel bulgare, les trois autres espèces ayant été éliminées.

Doué pour karakachan

Une bande de naturalistes passionnés estima que ce n'était pas acceptable et fonda une association, la FWFF (Fund for Wild Flora and Fauna) dont je fus le premier soutien. Créée en 2001, elle tenta de réunir à nouveau les hommes, les animaux et les paysages séparés par l'histoire. Avec succès. Voilà une structure qui ne cherche pas en effet à protéger les vautours ou les forêts juste pour protéger des forêts et des vautours, mais à préserver la biodiversité en aidant les hommes qui y vivent et en vivent. Comment ? En remettant au goût du jour l'élevage pastoral, en réintroduisant les rapaces et, avant toute chose, en gérant le conflit permanent entre éleveurs et prédateurs. Un réel problème en Bulgarie, bien plus que chez nous avec le loup ou l'ours : les éleveurs, le plus souvent riches d'à peine quelques chèvres ou moutons, qui ont en outre perdu une bonne partie de la culture pastorale de leurs ancêtres, subissent de lourdes pertes sur leurs troupeaux, attaqués par plusieurs espèces de carnivores qui se portent fort bien en Bulgarie, le loup, l'ours, le lynx et – comme chez nous une fois encore – les chiens errants.

Tout pour me plaire, ces Bulgares, car ils n'ont pas mis la charrue avant les bœufs. D'abord, les éleveurs ; les vautours, on verra après. En 2002, la FWFF a lancé, grâce à notre soutien, un programme de « compensation du bétail » qui perdure.

À l'époque, Emilian Stoynov et ses copains ont cherché et acheté dans la campagne bulgare une vingtaine de moutons rustiques et quelques chiens de troupeau pour commencer leur élevage. Aujourd'hui, dès qu'un troupeau est attaqué, son propriétaire, qui doit prouver sa qualité de berger professionnel et posséder des enclos pour la nuit, se voit offrir en remplacement un mouton ou une chèvre pour trois animaux tués. Prélevé dans l'un des cinq troupeaux de la race rustique karakachan gérés par l'association, les cornes enroulées, une barbe noire, une toison longue comme des cheveux mouillés : on dirait un mouflon, ce mouton bulgare ! Il est en effet très proche de l'ancêtre de tous les moutons européens, qui se trouve être le mouflon. Le karakachan est une des plus anciennes races domestiques du continent, elle descend des moutons primitifs « tsakel » de la Grèce antique. Pour obtenir cette compensation, il suffit à l'éleveur de téléphoner à une sorte de numéro vert et d'attendre le constat d'un expert. Cela dit, beaucoup de paysans n'ont pas les moyens de posséder des chiens de garde et peuvent en conséquence bénéficier d'une autre largesse de l'association. Un autre programme est justement là pour ce cas de figure très courant : grâce à un partenariat avec des éleveurs d'une race locale de chien, le... karakachan (comme les moutons, mais noir et blanc et gros comme un berger des Pyrénées !), des chiens adultes ou des chiots sont offerts aux bergers. Le plus souvent, c'est un mâle et une femelle qui sont fournis, afin que les portées futures puissent bénéficier aux autres éleveurs en contact avec ceux ayant bénéficié de ces dons. En échange, il leur est imposé d'abandonner toute idée d'empoisonner les carcasses pour se garantir des prédateurs.

La démarche cohérente de la FWFF m'a plu tout de suite car elle ne privilégie pas l'animal sur l'homme, mais le lien entre les deux. Je la soutiens depuis sa création en participant financièrement à l'élevage des moutons et des chiens offerts en compensation aux éleveurs. Chaque année, c'est une centaine de bêtes à laine et une vingtaine de leurs protecteurs que le Bioparc contribue ainsi à replacer dans les belles montagnes bulgares.

La réussite est bien réelle car depuis 2007 a lieu chaque année l'impensable : une transhumance, oubliée depuis cinquante ans ! Médiatique, marketing, on dira ce qu'on voudra, cela fait quand même neuf ans à ce jour qu'à l'occasion d'un « festival » l'association fait descendre ses moutons des montagnes de Kotel (à l'est de Sofia) pour montrer aux Bulgares que l'élevage est non seulement viable, mais aussi parfaitement adapté à leurs paysages. L'idée est également de leur prouver que, chemin faisant, des moutons se perdent, se blessent, meurent, nourrissant de leurs dépouilles des vautours qui n'embêtent personne. Ainsi l'équilibre est-il trouvé, et éleveurs, moutons, charognards et prédateurs peuvent se réjouir, chacun à sa place.

C'est la même année et dans les lieux mêmes de la première transhumance que les premiers vautours ont été relâchés. Vous connaissez l'histoire, maintenant : des oiseaux provenant de centres de recueil espagnols ou de zoos – surtout du mien, bien entendu – sont placés dans des volières d'acclimatation le temps qu'ils s'imprègnent du relief local jusqu'à le considérer comme le leur. Avec notre expérience cévenole, nous avons pu utilement aider les Bulgares tant en conseils qu'en fourniture de jeunes oiseaux.

Et là encore, le résultat a dépassé nos espérances. En mai 2013 naissait en effet, d'un parent issu de Doué-la-Fontaine, un premier vautour fauve, heureux événement qui n'était pas arrivé depuis cinquante ans dans les montagnes de Kotel ! Deux pontes, elles aussi uniques en un demi-siècle, avaient eu lieu en début d'année, de deux couples dont deux membres étaient nés chez nous.

Sur un second site, dans les gorges de Krésna, qui défilent à l'ouest du pays entre Sofia et Thessalonique, vers la frontière macédonienne, le spectacle est plus abouti que dans la vallée de Kotel. Là aussi nous avons financé la restauration d'une ferme en ruine, transformée en centre de sensibilisation, et la construction d'une volière, et le résultat est spectaculaire : aujourd'hui, là où, depuis les années 1960, il n'y avait plus rien dans le ciel, volent le fauve, le moine et le percnoptère. La vingtaine de vautours fauves réintroduits sur ce site magique a sans doute provoqué la curiosité des deux autres espèces, qui, malignes autant que discrètes, ont su exploiter à leur profit les « placettes d'alimentation » mises à disposition de leurs congénères. Par « placettes », entendez des endroits où les cadavres de moutons sont déposés. La même année, le 7 mai 2013, une grande fête de la transhumance réunissait deux cents personnes pour célébrer le départ de plus de quatre cent cinquante animaux vers le versant est des monts Rhodopes, dans une ambiance joyeuse de concours du meilleur gardien de troupeau, du meilleur tondeur de mouton et de dégustation des produits de la ferme-pilote de la FWFF… Chaque année, de nouveaux vautours fauves nés au Bioparc et chez certains de nos confrères rejoignent le projet, et nous attendons le feu vert des autorités sanitaires pour lancer un projet complémentaire : y envoyer des daims. Des daims ? Non pour les chasseurs, qui affectionnent particulièrement cette espèce, mais pour les vautours ! Les cadavres de

Dama dama s'ajouteront ainsi à ceux des moutons et des chèvres pour la bonne santé de *Gyps fulvus*. Cette année, si tout va bien, le premier convoi de cinquante daines nées en France partira vers la Bulgarie.

Des éleveurs, des prédateurs, des chiens entre les deux, et les vautours pour souligner le renouveau de l'équilibre entre l'homme et la nature. Voilà à quoi doit servir un zoo.

DES PLUMES D'AIGRETTE
À MONTMARTRE

L'immense envergure du condor réunit la nature et l'homme, la captivité et la liberté, Doué et l'Argentine. Elle fait aussi un pont entre ma mère et moi. En écrivant cela, je m'aperçois à quel point ma vie est orientée depuis son commencement vers la recherche des racines. Ma compagne, Élisa, me le reproche quelquefois : « L'Aveyron, l'Aveyron ! Ici on a la Loire, inscrite au patrimoine mondial de l'humanité ! » Il est vrai que mes origines familiales, que mon arbre généalogique, me fascinent. J'ai besoin de connaître ce qui explique le présent. D'identifier les liaisons, les enchaînements, les réitérations. Pourquoi s'obstiner durant toutes ces années à tailler la végétation des enclos de notre zoo ? Se priver d'adolescence en rébellion ? Réfléchir chaque jour au bien-être de « mes » animaux ? Se démener pour que là-bas, d'où viennent « mes » animaux, ils puissent vivre en meilleure intelligence avec l'homme ? Pour la même raison que celle qui forge l'identité des aristocrates :

savoir d'où l'on vient pour savoir où l'on va. Lancer des ponts pour relier ce que l'on fait, ici et là-bas, hier et aujourd'hui, afin de trouver une cohérence à la vie.

Tout a commencé dans le chapeau

Sans doute cette passion des archives me vient-elle de l'esprit de collection de ma grand-mère paternelle, Germaine Vaslin, qui m'a élevé et transmis l'histoire de sa famille. Elle gardait et rangeait tout, et savait raconter des histoires. Elle me faisait rêver. Pourtant, elle n'avait que très peu quitté son coin d'Anjou, seulement pour une adolescence montmartroise. Elle voyageait par sa mémoire et savait mettre en scène des bribes, ses classements, et faire ainsi de sa vie un voyage immobile vraiment fascinant. Des histoires d'ancêtres, de famille, qui faisaient, accommodées à son goût, une histoire. L'histoire. La mienne.

Celle d'une amie californienne rencontrée pendant la Première Guerre mondiale à Montmartre, avec qui elle me demanda de correspondre dès que j'eus appris trois mots d'anglais en sixième, qui nous envoyait des cartes postales pleines de roches et de cactus ; celle d'un grand-oncle parti construire des moulins en Amérique mais mort avant de s'embarquer dans le port de Bordeaux ; et enfin celle de son père, mon arrière-grand-père Eugène, qui me faisait un cadeau d'enfance magnifique : j'étais le seul de mon école à avoir un arrière-grand-père !

Originaire d'Anjou, il fut carrossier (de voitures en bois) en Allemagne avant 1914 et je conserve sa correspondance avec sa famille sous la forme d'un album de cartes postales.

Sa femme, Antonine, mon arrière-grand-mère, habitait à Montmartre en l'attendant, quand ce quartier était encore un village populaire, et y vendait du coteaux-du-layon, rue Custine, baptisée ainsi en l'honneur du « général Moustache ». Si vous regardez sur une carte, le coteaux-du-layon, c'est bien un vin d'Anjou qu'on produit tout près de Doué-la-Fontaine... Dans cette grande rue pavée, située au nord-est de Montmartre, à la frontière de Barbès, on pouvait se loger pour pas cher et gagner sa vie en vendant notre bon vin d'Anjou. Elle était très coquette, mon arrière-grand-mère. Si coquette qu'un quidam l'aborda un jour dans la rue pour lui proposer d'aller à New York. J'imagine ce qu'elle a pu se dire : était-ce un maquereau qui souhaitait la séduire pour l'enlever et la livrer aux bas-fonds de la ville de l'Hudson ? Ou un anarchiste de la bande à Bonnot qui souhaitait lui faire transporter des explosifs ? Jean Gabin, peut-être, natif du quartier ? La perspective d'un voyage fut plus forte que tout. Une Parisienne pouvait-elle s'imaginer voir un jour New York, même à la Belle Époque où tout semblait possible – il faisait beau, la mode allégeait les femmes, la paix régnait depuis 1871, les découvertes et les « nouveautés » s'additionnaient ? Qui pouvait envisager de monter sur un transatlantique... pour aller et surtout revenir, quand l'essentiel des passagers ne faisait qu'un trajet ruineux pour ne plus jamais repartir !

Elle prit donc le train à Saint-Lazare pour rejoindre Le Havre où l'attendait son paquebot. Elle emprunta la passerelle, mais pour faire quoi ? Eh bien… regardez les cartes postales de l'époque : les femmes portent toutes des chapeaux d'où dépassent une multitude de plumes. Parfois même on y distingue de petits oiseaux naturalisés. Ce n'étaient plus des chapeaux, mais des nids ! Des natures mortes. Et comme elles étaient l'apanage des femmes mariées, jouisseuses de certains revenus, il en fallait, des plumes, pour démontrer le statut social de celles qui avaient les moyens de s'en planter sur la tête. Au point qu'au début du XXe siècle le débat était houleux, permanent dans la presse, entre l'industrie plumassière et les tout premiers protecteurs de la nature.

Les admirateurs des oiseaux, en ce qui les concerne, défendaient l'industrie. Certains prônaient une « ornithologie économique ». Le conflit durait déjà depuis les années 1870 et avait pris naissance en Angleterre, où les oiseaux locaux ne suffisaient plus à fournir la demande. Massacrés, ils émurent quelques aristocrates et grands bourgeois qui formèrent la Plumage League en 1889. Les chapeliers cessèrent finalement de faire appel aux plumes britanniques et reportèrent en conséquence leur passion sur les plumes venues d'outre-mer. En France aussi, on s'était mis en tête de protéger les volatiles « utiles à l'agriculture » par un décret de 1905, qui entérinait une convention internationale de 1902. Cela ne fit que déplacer le problème sur les pays et colonies richement pourvus en oiseaux de valeur. Et s'il existait un endroit sur terre où se fournir en plumes, c'était bien les marais de Floride, et donc le port de New York.

Aux États-Unis, le débat était pourtant présent. Les plumes étaient, disait-on, recueillies sous les nids des aigrettes, mais tout le monde savait qu'elles étaient prélevées sur des oiseaux abattus juste pour cela. Y compris dans la bonne société, des dames commençaient à dire que les phanères d'aigrette étaient véritablement un *white badge of cruelty* (un « blanc panache de cruauté », en quelque sorte) : il n'était plus convenable d'en orner son chapeau. En 1910, alerté par la prestigieuse Audubon Society, qui était défendue par un avocat qui allait devenir président des États-Unis, Franklin Roosevelt, le gouvernement fédéral vota le *New York Plumage Bill.* Interdit, le commerce devint braconnage et trafic. Voilà pourquoi l'on eut besoin de mon arrière-grand-mère : au-dessus de tout soupçon grâce à son joli minois, elle pouvait récupérer des plumes à New York et les rapporter aux modistes parisiens sans qu'on la fouille. Par deux fois elle prit le bateau, et chaque fois que ma grand-mère me racontait ces voyages incroyables, elle agrémentait son histoire d'un bouquet de quelques plumes d'aigrette conservées dans une pile de draps...

Le chasseur de L'Enfer

Voilà donc où l'on se retrouve, dès lors que l'on creuse pour dégager ses racines. Dans quelque chose contre lequel je lutte aujourd'hui ! En fait, je retiens surtout de cette aventure entre Montmartre et New York que mon histoire a démarré par l'un des premiers combats majeurs pour la protection des espèces. Mon arrière-grand-mère en a été le témoin. La polémique sur les plumes à chapeaux a en effet largement favorisé l'émergence des premières organisations de protection de la nature, dont, en France, la LPO, en 1912. Mon histoire a débuté dans le carnage et le trafic d'oiseaux, elle se poursuit aujourd'hui par mon combat constant contre le carnage et le trafic des espèces. C'est la raison d'être du Bioparc. Elle avait commencé bien plus tôt encore, en Algérie.

Du côté de ma mère, une petite fortune familiale provenait du service militaire de mon arrière-grand-père, Pierre Chassaly. Au milieu du XIXe siècle, petit ouvrier agricole aveyronnais, il avait eu la main chanceuse au tirage au sort du service militaire, ce qui n'était pas le cas du fils d'un notaire de Rodez. À l'époque en effet, parce que l'armée n'avait pas de grands besoins et que l'agriculture, elle, en avait énormément, seul un tiers des hommes célibataires ou veufs et sans enfants était exigé par la conscription. Chaque canton devait fournir un certain quota d'hommes, constitué par tirage au sort.

Les désignés étaient ensuite confirmés, ou non, lors du « conseil de révision ». Pas d'uniforme pour Pierre Chassaly, donc, mais pour le bourgeois, oui ! Un aléa fâcheux, car le service militaire était alors conçu de façon à éviter justement que les hautes classes sociales ne perdent leur temps et leur santé à traîner leurs guêtres. Inquiet de voir son petit partir durant cinq années pour la conquête de l'Algérie, le notable racheta au bisaïeul de mon bisaïeul son ticket, devant notaire, ainsi que la loi le permettait. On appelait cela le « remplacement militaire ». De retour au pays après des années que je n'ose imaginer tant la conquête de l'Algérie fut sanglante, mon ancêtre put, avec l'argent du notaire, s'acheter un beau domaine. Une belle ferme fortifiée sur le causse, aujourd'hui toujours propriété de mes cousins et l'un des premiers gîtes WWF de la région, le château de Grun à Saint-Saturnin-de-Lenne, l'un des endroits où l'on a fait renaître la race des vaches d'Aubrac.

Aveyronnais, mon grand-père paternel, Antoine, s'était installé en 1930 dans la région de Saumur. Revenu du front, il avait repris son métier d'hôtelier-restaurateur en rachetant Le Lion d'Or, place du Champ-de-Foire à Doué. Avant la mobilisation, il vivait à Montmartre, où il était serveur en attendant de faire comme son propre père, émigré du pauvre pays d'Aveyron : bougnat, vins et charbon. Serveur, mais pas seulement, car Antoine était aussi de temps à autre le portier de L'Enfer.

L'Enfer ! Un cabaret historique, presque mythique, installé au pied de Montmartre, boulevard de Clichy exactement. Il a été détruit avec son voisin, Le Ciel, en 1950. J'y suis retourné un jour, c'était un supermarché. La porte de L'Enfer s'ouvrait dans la gueule béante d'un diable, entourée de femmes nues suppliciées. Les clients descendaient un escalier au bas duquel se trouvait une salle voûtée… en forme de grotte. Ou d'intestin ? Avec des damnés obscènes collés sur les murs et la voûte, des boissons étranges dans les verres, tout autant que les spectacles scabreux qui s'y donnaient. On pouvait y écouter des chanteuses en soubrette tout en se faisant bouillir dans une marmite. La clientèle était faite d'habitués endimanchés, mais au cas où, mon grand-père était devant la gueule grande ouverte, tout habillé de rouge pour attirer le chaland par un célèbre – disent les historiens du quartier : « Entrez, entrez, chers damnés. Avancez, belles impures, asseyez-vous, charmantes pécheresses, vous serez flambées d'un côté comme de l'autre… » En ces temps de paix, Antoine était donc chasseur, au désespoir de sa mère, qui lui cassa son parapluie sur la tête quand elle le vit dans ce rôle.

Chasseur comme son grand-père Alexandre, qui, comme je l'ai découvert moi-même, avait participé à l'expédition du Mexique de Napoléon III, ainsi que l'attestait le « certificat de bonne conduite » encadré dans la salle à manger de mes grands-parents. Pour un de mes anniversaires, un ami m'offrit *Mémoires d'un paysan bas-breton*, où l'auteur, Jean-Marie Déguignet, raconte, entre autres épisodes de sa vie, l'expédition du Mexique à laquelle il a participé. C'est ainsi et par procuration que j'ai pu suivre les tribulations de mon ancêtre.

Un pépé en Algérie, un autre en Amérique, une mémé sur un bateau, mes racines chevauchent un océan, une mer et trois continents. Il s'en est fallu de peu qu'elles se fixent en Amérique du Sud : la ville de Pigüé en Argentine a été fondée par le cousin de mon aïeul « mexicain » !

Clément Cabanettes, il s'appelait. Natif de Lassouts, en Aveyron, il était instructeur militaire. En remerciement de ses services, on lui accorda une immense concession de terres, qu'il s'en alla proposer au pays à des familles appauvries par le déclin des mines de charbon de Decazeville, la radinerie des terres et la crise du phylloxéra. Une centaine d'entre elles le suivirent et l'on entend toujours sonner la cabrette – la cornemuse aveyronnaise – dans la pampa argentine, pas si loin de la Sierra de Pailemán !

Avec des antécédents pareils, comment ne pas avoir des fourmis dans les jambes...

Une carrière plutôt que le comptoir !

L'histoire troglodytique va continuer.

Né en 1928, mon père eut pour berceau une caisse à bière installée sous le comptoir. Il grandit en servant les clients, en nettoyant les tables. Le fils de la maison devint pour les habitués et les fournisseurs l'héritier évident du père Gay. Dans les années 1950, il prit en toute logique la relève de son père. Après s'être marié... avec une Aveyronnaise ! C'est tout près de la ferme de mon ancêtre de la guerre d'Algérie que mon père Louis vint la chercher, dans cette région exceptionnelle, la vallée du Lot entre Espalion et Saint-Geniez-d'Olt. Parce qu'il n'était pas question pour son père à lui qu'il prolongeât sa lignée de bistrots avec une femme ne venant pas du pays.

Les affaires marchaient bien : les charges étaient faibles à l'époque, l'immobilier était accessible, et la demande d'une société en reconstruction était insatiable. Pour autant, un hôtel-restaurant restait un hôtel-restaurant. Marché captif, activité routinière. Essuyer les verres comme tous ses ancêtres émigrés aveyronnais devant des poivrots en engueulant les gamins qui secouent un peu trop le flipper, ça use. Mon père cherchait quoi inventer pour diversifier l'affaire familiale et, sentant bien l'époque, se souvenant des caves de Saint-Germain, à Paris, qu'il avait eu l'occasion de fréquenter, il décida de créer sa propre grotte. Un Enfer un peu différent et moins olé olé, modestement baptisé « Caveau du Trône ». On resta dans le morbide, quand même, mais après tout, une grotte n'évoque pas forcément la lumière céleste, et la région de Doué est un gruyère de grottes et de carrières de calcaire... Le Caveau du Trône, juste à gauche de l'hôtel, ouvrit donc son antre en 1954. Ce fut un des tout premiers « dancings », comme on les appelait à l'époque, de l'ouest de la France. Sans damnés ni danseuses semi-prostituées.

Ce fut une des plus belles réussites de ma famille. Le samedi et le dimanche, c'était plein, et puisque mon père s'était contenté d'acheter un mange-disque et de chiner des chaises à la brocante, et qu'il vendait le verre de whisky au prix de la bouteille, l'argent rentrait comme jamais. Qu'en faire ? Mon père ne pouvait multiplier les caveaux ni les chambres d'hôtel. Il savait qu'un tel succès ne pourrait pas perdurer ni se dupliquer. Il se lassait aussi du comptoir, remué qu'il était par le frétillement de la branche maternelle de son arbre généalogique.

Du côté Vaslin, en effet, on n'était pas né dans le bistrot ni dans le charbon, mais dans la terre. À Soulanger, juste à côté de Doué-la-Fontaine. Eugène, mon arrière-grand-père constructeur de voitures en bois, s'était converti en artisan-batteur après la Grande Guerre : ses machines séparaient le grain de l'épi, ce qui lui assurait un certain revenu. Pas suffisant toutefois pour bien vivre, raison pour laquelle il avait investi dans une petite ferme, rustique, dirait-on aujourd'hui, équipée de quelques vaches et chèvres, de poules, de lapins et d'un cheval. C'est là que mon père, petit, aimait à vivre lorsque l'hôtel-restaurant le libérait. Il gardait les vaches et les chèvres, les soignait, les nourrissait, il s'occupait du potager, chipait dans les vignes et courait dans les prairies de Courcilpleu abreuvées par le ruisseau de...

Court-s'il-pleut. L'injonction étymologique n'a sans doute pas obligé mon père, qui a passé toute son enfance, par tous les temps, dehors, à jouir des éléments. Qu'il pleuve ou qu'il gèle, de la moisson aux vendanges. Mon père observait les rythmes de la nature et la vie des animaux. Il tentait de sauver les oiseaux tombés du nid en leur offrant des grains de millet. Pensait-il à leur prendre des plumes pour décorer le chapeau de sa grand-mère ?

Dur et exigeant, mon père avait en fait une âme naturaliste nourrie au sein de la campagne profonde.

L'argent aidant, il eut l'idée de briser la chaîne familiale. De sortir de la destinée étouffante des bougnats. D'être quelqu'un d'autre que le maillon d'une dynastie. Il commença à imaginer une sorte de parc animalier où il pourait faire ce qu'il aimait, regarder les animaux, vivre dans la nature, désobéissant ainsi à la promesse faite à son père de prolonger la pesante tradition. C'est un jour d'été 1960, alors qu'il prenait un verre au bar de l'hôtel avec son copain Arthur Misandeau, qu'il se décida. Après tout, un zoo avait ouvert à La Flèche, dans la Sarthe, qui attirait nombre de visiteurs le dimanche ! Arthur lui suggéra alors de visiter le terrain à vendre en face de chez lui.

Une carrière, évidemment.

Retour après dix millions d'années

Une grotte en enfer, puis un caveau du trône, et maintenant un trou gigantesque dans le sol, au pourtour creusé de grottes pouvant accueillir quelques animaux. Les chapeaux de mon arrière-grand-mère montmartroise avaient de plus beaux atours !

Ces grottes sont des « troglos » : ces carrières ressemblent au bar où, dans *La Guerre des étoiles*, Luke rencontre Han Solo la première fois (séquence tournée en réalité en Tunisie, à Matmata). La région en est pleine, ici, entre Saumur, Montsoreau et Doué-la-Fontaine. Entre les « troglos de falaise » et les « troglos de plaine » comme la carrière proposée par Arthur, le pays regorgeait de vestiges troglodytiques aujourd'hui redevenus maisons, restaurants, entreprises, bars, hôtels sis dans la roche. La pierre jaune est, il est vrai, un excellent isolant, qui évacue bien l'humidité. On l'appelle ici le falun. Des coquilles, du sable et de l'argile. Une roche friable qui n'a pourtant jamais fragilisé le pont du Gard, construit ainsi ! Une pierre produite par accumulation et compression de coquilles de mollusques marins dans des mers chaudes et peu profondes. Des lagons et des lagunes. Voilà où mon père envisageait donc de placer les animaux : dans ces excellents enclos naturels que peuvent constituer les carrières. Exactement là où évoluaient, il y a une dizaine de millions d'années, de gros animaux marins tels que les dugongs, les raies et les requins. Serait-ce encore un de ces liens, un de ces ponts jetés sur l'histoire que j'aime tant chercher ?

Un lien qu'allait créer mon père à partir du vide creusé par des siècles de paysannerie. Jusqu'à l'invention des engrais minéraux, les paysans d'ici creusaient en effet la roche pour la transformer en chaux afin d'amender leurs sols, trop riches en silice (le soc se cassait sur le silex) et beaucoup trop pauvres en calcaire. Broyé, chauffé, le falun a fait vivre des générations de « faluniers », de « chaufourniers » surtout, ces artisans propriétaires de fours qui produisaient, après trois semaines de cuisson, la chaux nécessaire aux agriculteurs. Ces derniers descendaient dans les carrières, logeaient dans les grottes et repartaient avec leurs sacs. La Grande Guerre mit un terme à cette tradition – déjà largement érodée par l'engrais chimique, plus pratique – en envoyant les chaufourniers loin du pays. Abandonnées, les carrières finirent par s'emplir de végétation et devenir des poubelles géantes, au point d'en abolir la mémoire pour le nouveau venu.

Confiné comme ses animaux

Quand mon père visita celle promise par Arthur Misandeau, il fut arrêté par la ronce. Il convoqua alors les habitués du flipper de l'hôtel-restaurant et leur proposa de l'aider à débroussailler, le temps qu'il faudrait.

Cela dura un an. À l'issue duquel Louis acheta la carrière pour un prix dérisoire. Le 14 juillet 1961, le zoo des Minières (il y a aussi une veine de charbon sous le falun !) ouvrit ses portes – l'entrée individuelle valant la modique somme de l'équivalent d'un euro –, avec la bénédiction des notables, du maire et du préfet de l'époque. Un zoo à l'ancienne, une ménagerie dans un écrin de nature exubérante. Les animaux étaient emprisonnés dans les grottes ou dans des enclos arborés. Il y avait Asma la lionne, Eugène le marabout, Mémère le vautour. Il y eut plus tard Benoît le lama, Jeannette le dromadaire, Kaa le serpent, Sidonie l'atèle, Chita le chimpanzé, Gaston l'ara… Beaucoup d'animaux mal en point, achetés à des cirques ou à d'autres zoos, que l'on avait baptisés ainsi pour les rendre plus attrayants. Il y avait aussi la faune domestique et des chiens, que les gens abandonnaient ici.

C'est avec ces animaux que j'ai grandi. Dans ce lieu improbable où se relayaient mon père, son père, la clope au bec et Colas la corneille sur l'épaule, sa mère Germaine, ma belle-mère Annie, et Claude Garabédian, un rescapé du flipper qui accompagna le développement du zoo pendant quarante-cinq ans. Car l'hôtel-restaurant et Le Caveau n'avaient pas été abandonnés ! L'entreprise familiale était permanente, elle se partageait entre trois caisses enregistreuses. Comme le dancing, la nouvelle idée lumineuse de mon père fut un succès, et il investit très vite les premiers bénéfices pour la faire rayonner plus encore en achetant d'autres carrières.

Comme mon père, je suis né sous le comptoir en 1951. À la différence des autres garçons, j'ai grandi non avec des chats et des chiots, mais avec Sidonie, un singe-araignée, les bras lovés autour de mon cou, Gaston l'ara sur l'épaule et un renard dans les bras. J'ai grandi, comme mon père, en regardant la nature dans l'univers du zoo. Grimper dans les arbres à l'aide des clématites, nos lianes angevines, découvrir des nids d'oiseaux en écartant les rideaux de lierre, différencier les tritons dans les mares, capturer des couleuvres… et creuser le falun pour en arracher des fossiles afin d'en imaginer l'histoire. Ce lien qui toujours m'obsède. Qui y avait-il ici, avant ? Quels étaient ces animaux qui ont par leur mort constitué les pierres qui me permettent d'observer tranquillement d'autres animaux aujourd'hui ? J'ai mis à profit le moindre moment de détente de mes jeunes années pour gratter le falun et en extraire quantité de fossiles, témoins de la vie tropicale d'un Doué-la-Fontaine du miocène. Le virus s'est transmis de génération en génération et, après mes enfants, ce sont maintenant Ulysse et Gabriel, mes petits-fils, qui m'interpellent pour identifier la dent qu'ils viennent de découvrir sur un chantier du parc.

Mon esprit vagabonde vite et j'ai eu tout le temps de le laisser aller, car du temps, j'en ai passé dans ce zoo de mon père. Lui qui avait réussi à échapper au sort des Aveyronnais, au destin voulu par son père, est parvenu à m'imposer l'avenir qu'il s'était créé en m'y assignant à résidence. J'ai passé ma vie avec un râteau dans une main et un sécateur dans l'autre. Drôle d'adolescence, non ? Je suis sans aucun doute le meilleur ratisseur de gravier et le plus grand « coiffeur » d'arbustes de la région. Aucun mégot de cigarette ne résistait longtemps à mon regard affûté. Encore maintenant, je ne peux pas faire un pas sans récupérer le moindre bout de papier ou tailler une branche qui me semble gênante pour l'animal ou le visiteur. Tout mon temps libre a été consacré au zoo, qui devait rester impeccable, selon les vœux de mon père, obsédé par la bonne tenue de son établissement. Et puisqu'il était d'une race laborieuse et taiseuse, qui n'avait de religion que le travail, moi, le fils du proprio, je ne bénéficiais d'aucun traitement de faveur parmi les employés du zoo. Tant s'en faut...

À partir de l'âge de douze ans, mes vacances se déroulèrent « in situ ». Désormais, mes soirées, mes week-ends, y compris durant mon internat au lycée à Angers, et mes jours fériés aussi se passaient dans le zoo. Je fus sans doute le seul être humain aussi confiné que ses animaux !

La 4L, rite de passage

Je lui en ai longtemps voulu de m'avoir ainsi enfermé dans la transmission. N'était-ce que cela, une famille ? Un vecteur de patrimoine à passer d'une génération à l'autre ? Comme une espèce n'est, pour certains chercheurs, que l'enveloppe de gènes dont le seul but est d'être héritée ? Non, c'est autre chose, les conceptions ont changé, mon père était de son époque et de son clan. Ma mère devait elle aussi travailler, elle ne m'a pas élevé. Elle n'en avait pas le temps, et sans doute n'en a-t-elle pas eu le droit car dans les familles aveyronnaises, âpres au gain et dures à la tâche, tout le monde devait travailler. Ce sont mes grands-parents qui se sont occupés de moi. Sans ces piliers actifs, où serais-je aujourd'hui ? Sans ce goût de la nature, inné ou résultat de mes escapades dans les châtaigneraies de l'Aveyron, où en serais-je de ma vie ? J'aurais pu partir, faire autre chose, après tout. Mon père, c'est bien la volonté émancipatrice qui l'avait amené à créer ce zoo dont, *in fine*, je n'ai jamais voulu m'extraire. Il nous a volé notre adolescence, à moi et à mes deux sœurs, mais qu'ai-je fait pour m'y opposer ? Mon père s'offrait un voyage annuel durant cette période. Cela contribuait à l'admiration que j'éprouvais pour lui. Le père n'est qu'un symbole. Alors, le père qui revient de Tanzanie ou de Guyane avec des photos et des souvenirs, dont on attend le retour pour le frisson qu'on ressentira à l'ouverture d'une valise remplie de babioles exotiques, à une époque où le voyage en avion n'était pas courant...

En 1970, j'obtins mon bac. Mes grands-parents m'offrirent une 4L pour me féliciter. Je traversai la France, l'Espagne, je pris un bateau et je visitai le Maroc. Je pus enfin me créer mes propres souvenirs, vivre ma propre équipée, sans procuration. Les paysages de Delacroix, où des vautours tournoyaient au-dessus d'hommes en longue robe terne et de femmes en longue robe colorée. Des villes dorées par le soleil couchant, comme creusées à même des montagnes ocre.

Des palmiers, des cactus et des herbes jaunes, jusqu'à l'infini. Des animaux, oui, mais surtout des sensations : l'espace au-delà d'un enclos, le ciel bleu à en donner mal aux yeux, un temps qui s'écoule lentement, à son rythme, des odeurs étranges, un peuple accueillant. Rencontrer et partager. Revenu en France, je n'étais plus le même car j'avais goûté à la possibilité de la liberté. Un poison terrible que cela...

J'eus un an de plus pour intérioriser et verbaliser ce voyage initiatique au cours de mon service militaire. Libéré de mes obligations, je me retrouvai en définitive face à mon père, c'est-à-dire face à moi-même. Le voyage, l'armée : deux épreuves, deux rites de passage. J'étais donc un adulte. *A priori*. Dépourvu de la commune adolescence, était-ce le moment d'envoyer valser ce destin et sa prison dorée en refusant de me destiner à son horizon ? J'avais passé ma vie avec des animaux, j'aurais aimé être biologiste, ou véto ? Non, c'étaient là des destins écrits d'avance par la société pour les étudiants fatigués à l'idée de choisir. Trop classique, et en fait, découvris-je, je n'avais ni la passion des animaux ni celle des zoos. Ce que j'aimais, c'étaient les sensations de la nature et la volonté instinctive, viscérale, de changer les choses et de convaincre. De ne jamais me contenter de la routine. Et puis j'étais amoureux de l'endroit, de ces « carrières-mondes ». Alors, quand mon père me dit : « Tu as le choix : cinq ans d'études derrière un bureau, le zoo ou le caveau », je n'hésitai pas : le zoo !

Aujourd'hui qu'il vient de nous quitter, comment pourrais-je lui en vouloir ? Car, en fait, je ne me suis pas soumis à son autorité, mais à ma passion... De la passion qui a nourri ma capacité d'émerveillement, sans laquelle je n'aurais jamais eu l'énergie de le convaincre de bouleverser la vision du zoo qu'il avait créé. Une capacité renforcée par le sens du contact, de l'humain, qui me vient de mes années à tenir le bistrot de l'hôtel, le mange-disque du Caveau, et à guider les visiteurs du zoo. La meilleure école de l'empathie, croyez-moi ! La passion de la passion m'a rendu très sensible à ces petits riens qui font tout, que peu voient, qui s'avèrent toujours être des déclics, des petits bouts de laine dont l'étirement déroule des pelotes immenses. Voyez où cela mène, des tickets de service militaire, des plumes d'aigrette et un cabaret à Montmartre !

RENCONTRES AVEC DES ÉCLAIREURS

Le prix Goncourt décerné en 2015 à Mathias Enard m'a rendu heureux. Car l'auteur de *Boussole* a démarré dans la vie d'écrivain à succès avec *Rue des voleurs*. Et ce livre m'a fait éprouver la passion d'un autre, m'a ébloui par le « roman du tout », parce que tout y est : les sensations, les impressions, les brimades et les frustrations d'une société marocaine entre deux mondes. Je ne suis pas d'un naturel fanatique, mais j'adorerais rencontrer Mathias Enard, comme Amin Maalouf, autre écrivain de l'Orient que j'admire. Pourquoi le nouveau Goncourt 2015 m'a-t-il tant remué ? Parce qu'on y sent derrière chaque mot la passion d'un homme pour son sujet – ici, l'Orient. Magnifique. Et j'aime la passion.

Ce qui m'anime dans la vie, ce qui me fait me lever le matin, me fait avancer durant la journée, conserver mon enthousiasme en fin de journée, c'est ma capacité à admirer. Ce sentiment de joie, d'épanouissement, comme dit le dictionnaire, face à quelqu'un qui est capable de m'emmener où il veut. Oui, j'aime les passionnés car ils sont pour moi un fertilisant, un catalyseur, un rayon de lumière, une source d'énergie, un véhicule. Une ouverture. Ils sont l'occasion de voir le monde différemment, avec un peu de leur regard. Dans mon métier, qui conjugue à la fois ma passion pour la nature et pour le changement de vision, ou de comportement, des autres, ces rencontres ont été déterminantes. Car à chaque fois elles m'ont amené à modifier mon regard, à me remettre en cause. Doué-la-Fontaine est né d'une passion, il a évolué par la passion, dans des directions éclairées par la passion d'autres. La vie, ça n'est que des moments de vie.

Pom, pom pom pom...

Je vais les citer comme ils me viennent, ces belles personnes et ces lieux éblouissants. L'ordre importe peu. Alors, commençons.

Hormis les frères Terrasse dont je vous ai déjà parlé, à qui je dois beaucoup, à qui la France, même, doit l'inspiration de ses lois de protection de la nature tant ils y ont œuvré, l'une des figures du monde naturaliste qui m'ont le plus bouleversé est Pierre Pfeffer. À part les moins de vingt ans qui ne peuvent pas le connaître, tout le monde dans le milieu de la nature et des zoos sait qui est cet homme, né il y a quatre-vingt-dix ans à Paris. Pierre est, à vie je crois, associé à l'éléphant d'Afrique. À la lutte contre le trafic d'ivoire. Sans lui, peut-être le pachyderme aurait-il disparu, car c'est grâce à ses interventions dans les médias, ses coups de gueule dans les instances internationales que le mammifère a été classé parmi les espèces menacées et que le trafic d'ivoire a été prohibé. Pierre est aussi associé dans ma mémoire à l'émission historique – préhistorique, diront certains – *Les Animaux du monde* : mais si, vous connaissez, c'est le fameux « pom, pom pom pom... » sur fond de générique en dessin animé où le lion porté par la trompe de l'éléphant tombe sur le chameau ! Incontournable rendez-vous dominical, l'émission fut, durant quelques années, coprésentée par Pierre. Il en était l'une des cautions scientifiques : c'est lui qui, chaque semaine, montrait un animal sur le plateau afin d'en mieux parler.

Dans les années 1970, le combat des *Animaux du monde*, comme celui de nombreux journaux naturalistes – *La Vie des bêtes* en particulier –, portait sur les zoos : « Non aux zoos prisons ! », « Avons-nous encore besoin des zoos ? »

Il faut dire que l'époque n'était pas glorieuse. La plupart des zoos, y compris le nôtre, ressemblaient à des ménageries ; souvent un seul individu par enclos, au mieux, et quelquefois derrière des barreaux. Tout le monde a en tête l'image de la ménagerie, un lieu gris, triste, bétonné, où l'on voyait des bêtes tournant en rond ou avachies, perdant leurs poils, l'air malade, ou carrément agressives. Les animaux étaient des choses, des biens, des inférieurs, des brutes épaisses qui devaient être montrées comme telles : ainsi ces prisons les donnaient-elles à voir à des visiteurs qui ne pouvaient pas en retenir une image différente de celle qu'on leur avait apprise à l'école. Le sauvage, c'était dangereux, et l'homme démontrait sa supériorité en le cadenassant.

L'époque était à l'animal objet qu'on achetait, revendait, dont on se débarrassait quand il ne plaisait plus. Il n'y avait d'ailleurs aucun contrôle ! N'importe qui pouvait acheter n'importe quel animal, en passant commande à des intermédiaires dont les ordres valaient massacre et braconnage sur le terrain. À Paris, quai de la Mégisserie, ou à Bruxelles, on pouvait acheter ce qu'on voulait… En comptant les « dégâts collatéraux » de la capture, du transport et de l'acclimatation sur place, on admet que dix animaux au moins mouraient pour qu'un seul puisse finir sa vie dans un pavillon de banlieue ou dans un zoo. Et quand lui aussi mourait, on passait commande d'un remplaçant. N'importe qui pouvait aussi posséder chez lui n'importe quoi sans que cela émeuve les services vétérinaires : les années 1960 ont été friandes de stars à panthère, à lion ou à serpent végétant dans des cages, mourant de solitude et de maladie. Les animaux, pas les stars.

Cela, la génération de mai 1968, qui avait fait la révolution et aspirait à la liberté, ne le supportait plus. Les naturalistes encore moins. Alors Pierre Pfeffer, vous pensez bien…

Plusieurs vies pour défendre la vie

Pierre avait commencé sa carrière avec les serpents (il était herpétologiste), il la poursuivit avec les oiseaux (il devint ornithologue), avant de se vouer au sort des éléphants (il était donc... mammalogiste). Il fut l'un des tout premiers scientifiques médiatiques, ce qui ne lui valut pas que des amis parmi ses pairs. Un peu journaliste aussi, Pierre, quand je le rencontrai au temps de la splendeur des *Animaux du monde*. Ses deux parents l'avaient d'ailleurs été, ce qui lui avait permis de vivre une enfance très européenne, jugez plutôt.

Entre 1930 et 1937, de l'âge de trois ans à dix ans, il vécut successivement en Allemagne, en Pologne et surtout en URSS. Les trois pivots du début de la guerre. Le monde d'avant de Stefan Zweig. Son père fut exécuté durant l'Occupation, sa mère échappa aux arrestations, et Pierre finit par prendre le maquis, en Ardèche. Il s'engagea ensuite dans l'armée française en reconquête, et voyagea ainsi de l'Alsace à l'Autriche. Il avait déjà mené plusieurs vies, connu plusieurs mondes, quand il fut démobilisé en 1947. Ses « voyages » militaro-résistants lui avaient inoculé le virus du naturalisme.

Lequel le poussa à aller visiter des amis africains dès 1950 en Côte d'Ivoire. Cela le conduisit, de fil en aiguille, au Muséum national d'histoire naturelle de Paris, qui lui proposa d'accompagner bénévolement une mission à Bornéo. Charge lui fut donnée de récolter

– de chasser, parlons clairement – des animaux pour les collections de la noble institution. Il respecta le contrat à la lettre, en cette année 1956, ce qui lui valut une belle réputation au sein du Muséum.

De ce premier grand voyage, il tira son premier livre, *Bivouacs à Bornéo*. Un monument pour moi et tant d'autres naturalistes ! On y lit la fascination de son auteur pour la nature et pour les peuples du cœur de la forêt de Bornéo, qui devaient lutter constamment contre celle-ci pour survivre ; on y découvre également sa surprise face aux conditions déjà dégradées de la nature, et celles des animaux qu'il devait prélever. Un constat qui devint colère lorsqu'il fut chargé, un an après, de rapporter des animaux pour le zoo de Vincennes. Lui qui avait hésité à travailler dans un zoo, malice de la vie, se consacra à la recherche et à la protection de la nature après cette expérience sanguinolente : les façons de capturer et de transporter les animaux, en particulier en Inde, le révulsèrent au point de vouer désormais les zoos aux gémonies.

L'ennemi bienveillant des zoos

Quand je le rencontrai au milieu des années 1970, Pierre avait déjà obtenu une grande victoire : chargé de mission sur le trafic des espèces en Asie pour l'Union internationale pour la conservation de la nature (UICN), il avait largement contribué à l'établissement de la fameuse Convention de Washington sur les espèces menacées, qui, depuis 1973, réglemente toute vente d'espèce sauvage, qu'il s'agisse de plantes ou d'animaux : la CITES (Convention sur le commerce international des espèces de faune et de flore sauvages). Une révolution dans le monde des zoos car il fallut dès lors vivre sur le stock ! Ne plus rien aller chercher sur place, ni au fusil, ni au filet, ni à la seringue hypodermique, se contenter des petits qui naissaient un peu partout dans le monde clos des zoos. Commencer à penser différemment : plus d'achat ni de vente, mais des échanges. Dur métier... Cette avancée considérable ne fut pourtant pas suffisante pour la presse, qui continuait de se déchaîner sur les zoos. Mon père redoutait même l'interdiction pure et simple des zoos, de son zoo, et de devoir retourner derrière le comptoir. Car le pouvoir médiatique de Pierre Pfeffer était impressionnant. La presse relayait son écœurement et ses craintes. Elle filmait des zoos-mouroirs, des entrepôts sordides de sociétés importatrices d'animaux « exotiques ». Dans l'œil des caméras avides de chair et de sang, les brebis galeuses devenaient le troupeau ; on connaît le procédé. Mais il faut reconnaître que cela incita l'État à faire le ménage : quelques zoos-ménageries fermèrent, y compris, durant un certain temps, la ménagerie du Jardin des Plantes, que Pierre Pfeffer avait devant sa fenêtre !

J'ai longuement discuté avec lui à cette époque, je le rencontrais même chaque mois en compagnie d'un ennemi de la captivité, le professeur Jean-Claude Nouët, l'un des créateurs de la Ligue des droits de l'animal, pour imaginer un avenir aux collections d'animaux captifs. Face à une telle bronca, mais avec toute mon affection pour « mes » animaux, et, plus prosaïquement, soucieux de maintenir le zoo créé par mon père qui nous faisait vivre, nos employés et nous, je lui demandai comment faire évoluer notre activité. Alors que nombre de ses confrères et amis estimaient que des images et des textes suffisaient à émerveiller les enfants, il reconnaissait, lui qui avait passé tant de temps dans la nature avec ceux qui la vivent et en vivent, avec les chasseurs, que rien ne remplace le contact direct avec la vie, ses odeurs, ses bruits. Les zoos avaient, selon lui, une utilité évidente. Ouf... Il m'expliqua tout de même qu'un zoo ne se concevait qu'avec des espèces robustes à la captivité, et non menacées de disparition sur le terrain. Sérieuse limitation, mais pourquoi pas.

Cet homme aux multiples vies m'a en fait enseigné une chose qui a changé ma vision de Doué alors que j'y prenais mes fonctions : pour provoquer une émotion chez le visiteur, il fallait montrer correctement les animaux, et pour bien les montrer, il fallait avant tout bien les connaître. Ce qui semble tomber sous le sens aujourd'hui n'allait pas de soi à l'époque, alors qu'aucune capacité particulière n'était demandée pour présenter des animaux dans un zoo. Même les vétérinaires de zoo étaient une espèce rare... En réalité, si beaucoup connaissaient, comme Pierre, les us et coutumes des espèces chez elles, quasiment personne ne savait par exemple comment adapter leur nutrition ou leurs autres besoins vitaux ici. Eh oui...

Le boulanger aimait les serpents

Le Maroc m'avait ouvert l'horizon. Le roi des éléphants m'a montré que celui d'un zoo était le savoir. Me restait à découvrir comment l'attirer, ce savoir, et le montrer. Comment faire du zoo un réel outil pédagogique, ni misérabiliste (« Ah, les pauvres bêtes vont disparaître, venez les voir avant qu'il soit trop tard ») ni cucul la praline (le syndrome Disney : le zoo conçu comme un jeu pour enfants avec des animaux mis en scène comme dans tout bon dessin animé). Ce n'est pas une autre personne qui me donna la solution, mais un lieu. Attaché à une personne. En fait, à deux. Une rencontre qui, comme souvent, fut un déclic. Le zoo de Jersey.

Un visiteur du parc m'en parla un jour. Première personne. Le genre de passionné que j'affectionne. Boulanger le jour, herpétologiste autodidacte le reste du temps, Noël Chapon aimait ce qui fut notre « produit d'appel » durant quelques années, le Safari serpents.

Inaugurée en 1970, cette attraction nous avait valu une belle réputation auprès des passionnés de reptiles et de quelques naturalistes chevronnés. Jusqu'à sa fermeture en 1977, pour cause de charge de travail bien trop importante (le safari n'était ouvert que quelques jours par an, quand la température extérieure était suffisante pour les serpents ; il fallait ensuite les récupérer dans les arbres, ce qui nous prenait des heures car ils étaient parfois enroulés autour des branches ou enfouis dans des trous, afin de les rapporter un par un dans leurs abris...), elle me permit de rencontrer des passionnés de reptiles et de biologie. Dont Noël. Nos relations furent épistolaires, d'abord. Des conseils, des impressions, et de la reproduction. Nous cherchions en effet alors à obtenir une reproduction très rare en captivité, celle de l'anaconda vert, le géant de l'Amazonie. Le contact entre les deux herpétologistes amateurs, l'un de Lille, l'autre de Lyon, eut lieu au Safari serpents : « Envoyez-moi votre mâle et si ça marche, nous partagerons les petits. Voici mon adresse bla-bla-bla. » Et le mariage se fit au parc de la Tête d'Or à Lyon, seul capable d'héberger le couple de serpents géants. La femelle, par la poste à Noël envoyée, donna naissance à vingt-trois petits, dont seize survécurent. Une première en France. Noël avant l'hiver, quoi. Mais avec le Chapon.

Quelques-uns de ces jeunes vinrent à Doué, où la quatrième génération de leurs descendants vit toujours, quarante ans plus tard !

Avec ce Safari serpents, nous emmenions les touristes dans un voyage commenté, mis en scène par un guide. Ainsi leur était-il donné de voir, de toucher des serpents, de comprendre comment ils se reproduisent, quelquefois de les regarder chasser, etc. Grand succès. Le serpent fascine. Kaa, notre grand python, monta même à Paris, rue Cognacq-Jay, pour être présenté aux téléspectateurs des *Animaux du monde* avec François de La Grange ! Quant à Noël, il finit par venir me voir un jour. Tout en me félicitant à propos du Safari serpents, il me reprocha notre manque de vision sur l'avenir de notre profession, tout cela dans le but de me faire la réclame de ce dont il aurait fallu que je m'inspirasse : le zoo de Gerald Durrell à Jersey.

Un beau matin d'avril 1978 je partis donc en famille, et nous prîmes le bateau pour accoster au large de Saint-Malo.

La liberté derrière les clôtures

Comme Pierre Pfeffer, Gerald Durrell, naturaliste et aventurier, passa une partie de sa vie à voyager et à capturer des animaux pour équiper les zoos. Lui aussi écrivit, mais de façon plus universelle : ses livres sont toujours des chefs-d'œuvre d'information factuelle, de vécu sensible et surtout d'humour, traduits dans de nombreuses langues. Rire et sourire, ça aide à faire passer un message aussi anxiogène que l'érosion de la biodiversité. Croyez-moi, c'est plus facile avec des anecdotes rigolotes qui permettent de trouver les animaux sympathiques sans pleurer sur leur sort !

En 1959, Gerald se dit que la meilleure façon de tenter de préserver les espèces sauvages menacées était d'en élever quelques spécimens en captivité. Celle-ci n'était pas l'ennemie de la biodiversité, au contraire. C'est d'ailleurs une idée que Pierre Pfeffer défendit un jour devant moi, quelque dix ans plus tard. Il pensait que les zoos devaient se contenter d'espèces semi-domestiquées, suffisantes à ses yeux pour éduquer le public à la préservation de leurs congénères en danger. À l'inverse, Gerald Durrell, qui, en naviguant sur tous les océans du monde, avait vu la misère des espèces endémiques aux îles, décida de mettre en pratique cette belle philosophie en créant son propre zoo dans les îles Anglo-Normandes, et en en faisant un centre de reproduction et de conservation des espèces menacées. Il fit bon usage d'un héritage parental.

Je débarquai donc près de vingt ans plus tard à Jersey. Et j'y vis immédiatement la matérialisation de ce que m'inspiraient l'expérience marocaine, la rencontre avec Pfeffer et mon cheminement personnel. Qu'y ai-je vu ? La liberté derrière les clôtures. Alors que nous autres, en France, à Doué et ailleurs, mettions des animaux dans des enclos, lui, Gerald Durrell, élevait des cages autour des animaux. Cela vous surprend ? Considérez qu'il concevait ses présentations à partir des animaux, et non en fonction de la place qu'il avait ou des demandes du public. Un animal, une espèce, une façon de montrer spécifique.

Ce qui n'est pas la même chose. Car chaque espèce a ses besoins propres. Il en est qui se fichent royalement des gens qui les regardent ; d'autres, au contraire, ont des exigences d'extrême discrétion. Concrètement, je découvris à Jersey que l'on pouvait présenter des animaux, ou expliquer les problématiques de leur survie… sans parfois même que les visiteurs pussent les voir ! Et sans même que ceux-ci en éprouvassent de l'insatisfaction. J'ai pu y aller dix fois, et il est des espèces que je n'ai jamais observées, comme le hutia de la Jamaïque (un gros rongeur endémique de là-bas, descendant des rongeurs géants de la préhistoire), planqué qu'il était dans des rochers, dans une ambiance crépusculaire… Je l'ai raté à chaque fois mais, comme les autres visiteurs, je fus heureux d'avoir pu exciter ma curiosité, mes sens, en cherchant à voir, et de constater que manifestement, si les animaux n'étaient pas là, c'est qu'ils étaient sans doute à leur aise. Parce que, justement, ils n'étaient pas tous « tenus », par la configuration des lieux, de se présenter gentiment devant les clients. Le respect de leur bien-être contribuait ainsi au sauvetage de leur espèce.

Ce fut une claque, surtout pour moi dont l'éducation commerçante m'avait appris à satisfaire avant tout le client, disons plutôt le visiteur. Enfin, je compris de quelle façon montrer la faune en limitant son stress : en la plaçant, elle, non le visiteur, au centre de la réflexion. Sans chichis, sans beaucoup d'aménagements, sans extravagances scénaristiques, tout pour l'animal, un point c'est tout, à Jersey. D'ailleurs, chez Durrell, les cages, même si elles restaient des cages, étaient conçues de façon à contrôler la reproduction. Plusieurs couples d'une même espèce pouvaient s'y succéder de manière à en accroître le succès reproductif. Toutes proportions gardées, un peu comme dans un élevage « en batterie », mais avec un but éminemment plus glorieux ! Ainsi était donc privilégiée la perpétuation de l'espèce plutôt que la présentation au public, lequel en était d'ailleurs dûment informé : toute la signalétique installée devant les cages expliquait très clairement que le but de ce zoo était de faire en sorte qu'un jour des individus pussent en sortir pour aller repeupler gaiement leurs milieux d'origine. Jamais je n'avais imaginé cela jusqu'alors : qu'un espace de captivité tel que le zoo pût être une étape vers la liberté. « En un éclair, ai-je écrit dans mon précédent livre, l'évidence de l'utilité des zoos balaya le poids de la détention. » Le zoo de Durrell n'était pas spectaculaire, car il montrait – ou pas ! – des espèces fort peu « vendeuses ». Ni tigre, ni lion, ni éléphant, un non-sens commercial. Mais il était un refuge pour les survivants d'espèces agonisantes. Et cela, le public devait l'admettre et le comprendre. Chapeau.

Des gorilles dans un aérodrome

Noël Chapon revint me voir souvent à Doué. Après Jersey, il me vanta les immenses mérites des zoos anglais, d'où il revenait, parce que là-bas, s'enthousiasmait-il, il avait « vu des zoos où les enclos étaient garnis de végétation ». Je me retournai alors vers ceux de notre parc, que j'avais étendus et modifiés pour donner plus d'espace aux animaux, mais ce que nous avions gagné en espace, nous l'avions perdu en naturel : le gazon était bien tondu, avec une clôture irréprochable. C'était propre... mais très loin d'être naturel. « Tu verras, ils laissent pousser les orties et les ronces pour protéger les autres plantes, là-bas. » Des orties ? Allons-y !

J'embarquai mon père dans un petit périple outre-Manche, au sud de l'Angleterre. Lui et moi prîmes une autre claque. Je devais avoir une tête à claques... Il y avait tout d'abord dans ces zoos anglais un personnel nombreux, comme à Jersey, avec des vétérinaires, des soigneurs dédiés et des éthologues. Nous n'en étions pas là en France, et encore moins à Doué-la-Fontaine ! Des scientifiques spécialistes du comportement animal, dans un zoo... Nous croisâmes aussi là-bas des nutritionnistes, champions de l'alimentation de telle ou telle espèce. Ils savaient ce qu'elles mangeaient dans la nature, observaient leur comportement alimentaire en captivité, connaissaient leur physiologie selon leur âge, et adaptaient en conséquence ce qu'ils leur donnaient. Soupirs...

Et puis en effet, cadeau de Noël, c'était parfois à se demander si nous étions dans un zoo ou un jardin en friche ! Car la renouée s'entortillait dans le grillage, au point de l'effacer. L'ortie proliférait comme tant d'autres plantes sauvages. Des arbres, des arbustes avaient poussé au contact d'animaux qui auraient dû les détruire, car c'est ainsi qu'on les voyait faire, ailleurs, chez nous. Moi qui étais le spécialiste reconnu du sécateur et du râteau à gravier, je fus stupéfait de constater un laisser-aller choquant : visiblement, l'on ne taillait pas chaque jour, en Angleterre. Jusqu'alors, j'étais persuadé que la végétation ne résistait pas aux animaux en captivité car, de par leur simple passage, ils la détruisaient, ou la mangeaient par ennui. Ici, en Angleterre, je vis mon erreur. L'« ensauvagement » était possible. Il fallait en fait planter et laisser pousser des essences et variétés locales, disposer des obstacles – troncs ou rochers – pour permettre à quelques graines de germer. On oublie d'intervenir, ça pousse et les animaux font leur choix. Une sorte de sélection naturelle par la dent et le sabot. Ce qui leur plaît, ils le gardent ; ce qui ne leur plaît pas, les gêne ou les occupe, ils le détruisent. C'était aussi simple que cela : les animaux décident de leur environnement immédiat et cela entraîne un véritable enrichissement comportemental. Et, comme nous le constatâmes, mon père et moi, cela renforce l'immersion, car le foisonnement végétal peut évoquer une ambiance tropicale.

Du coup, les primates avaient un autre comportement que chez nous. Au zoo de Twycross, par exemple, près de Birmingham, tenu par une vieille dame qui aurait eu toute sa place dans un roman d'Agatha Christie, les primates étaient chouchoutés et bénéficiaient des soins attentionnés d'une équipe dédiée à leur bien-être. Leur comportement en était plus conforme à leurs us et coutumes de leurs contrées d'origine.

Au zoo de Howletts, une quarantaine de gorilles vivaient leur vie de gorilles dans un hangar à avions spécialement aménagé pour eux et tellement « enrichi » que ces animaux supérieurs étaient en état de reconstituer leur société et de retrouver leurs comportements naturels. Pas tout à fait, cela dit, car ayant été très jeunes arrachés à leur famille, ils ne savaient pas du tout comment s'accoupler et il fallut leur montrer comment faire pour se reproduire... avec des films pornos simiesques !

La Hollande, l'autre pays de la savane

Au parc d'Apenheul, aux Pays-Bas, où nous nous rendîmes l'année suivante, un autre cap avait encore été franchi. Encore une claque. Songez : point de hangar géant pour les primates bataves, nulle clôture, pas un bout de grillage, aucune trace d'une clôture électrique à vache, mais... un ruisseau, un simple petit cours d'eau qui dessinait leur lieu de vie, leur maison, leur environnement en une grande presqu'île. Certains singes n'aiment pas l'eau, c'est aussi bête que ça. Je le savais pourtant, mais je pensais que c'était une vérité d'éthologue, propre aux réalités sauvages ! Eh bien non. Y compris en captivité, certains singes ne dépassent jamais cette barrière toute simple qu'est l'eau. Le lien avec le public se fait alors plus immersif, il a l'impression d'être parmi eux. Chez eux car, cela va sans dire, la végétalisation – le « laisser-aller pédagogique » – était impressionnante.

À Emmen, au nord du pays, nous avons appris, stupéfaits, le concept de « présentation mixte » : les animaux étaient présentés par milieu naturel et par origine géographique. Ils n'étaient pas proposés au public par espèce – une ici, une autre là, comme chez nous –, mais ensemble, mélangés, comme là-bas. Nous avons passé beaucoup de temps à contempler une « plaine africaine », fausse savane animée par des rhinocéros, des zèbres, des girafes et des antilopes, bien sûr, mais aussi des oiseaux, des autruches, des grues. Ensemble ! Oui, à l'époque, c'était très novateur.

La plaine africaine. J'ai appris à en être grâce à Michel et Christine Denis-Huot, qui m'y ont emmené souvent. Un couple de Havrais fabuleux, mythique dans le monde de la prise de vue animalière. Pour nombre d'apprentis photographes naturalistes, l'Afrique de l'Est était synonyme de Denis-Huot. Les temps ont changé, mais Michel et Christine restent pour toute une génération l'incarnation de la faune des grandes plaines d'Afrique orientale. Il y a eu *Mogambo*, il y a eu *Out of Africa*, et il y a eu eux... pour moi ! J'exagère à peine, tant leur influence a été considérable. Tombés amoureux du Kenya, ils y ont passé tellement de temps que la double nationalité leur a été accordée. Six mois en France, six mois là-bas... Des images simples, au sens où elles ne sont pas orgueilleusement spectaculaires : les animaux n'y sont pas saisis dans des attitudes surprenantes, les lumières ne sont pas toujours inédites. Non, leurs images sont des moments arrêtés de la vie quotidienne de la faune est-africaine, les rencontres très précises d'un animal et d'une lumière. Je suis allé plusieurs fois au Kenya en compagnie de Michel et Christine, à une époque où les animaux partageaient avec les hommes des espaces continus et encore vierges. Ils m'ont appris la faune, la grande et la petite, les relations entre les espèces, les besoins spécifiques de chacune, ce qui les menace. Je me souviens notamment d'un voyage dans la région du lac Bogoria. Un paysage extraterrestre d'érosions, d'eau salée et de geysers. Des centaines de milliers de flamants nains, comme à Nakuru, et puis ces si rares antilopes géantes à cornes de lyre, les grands koudous qui, là-bas, survivaient parce que le directeur de la réserve avait compris que les hommes déplacés lors de la création du parc national devaient conserver un accès à leurs sites sacrés. Les cornes de koudou avaient une valeur symbolique très forte pour ces villageois, et leur l'éviction, pas très diplomatique, au profit des « Blancs » touristes avait fait naître chez eux un désir de vengeance qui avait conduit à quelques massacres au sein du parc. La solution fut simple, non armée : en échange d'un accès respectueux au parc, sa direction leur offrait les cornes des koudous retrouvés morts dans la réserve. On pouvait ainsi de nouveau observer des grands koudous à Bogoria !

L'espoir de l'esprit de collection

La beauté de la nature esquissée par des milieux naturels recréés dans de vastes enclos. La nature préservée dans des zoos offrant à leurs pensionnaires toutes les conditions pour qu'un jour certains d'entre eux retrouvent le sauvage.

Mais comment faire pour transformer notre parc en un sas entre menaces et espoir ? Nous avions réussi, grâce à un mitron d'exception, Noël Chapon, à reproduire les anacondas. Comment réitérer cet exploit avec des espèces plus sensibles, autrement complexes ? Une autre rencontre me révéla quelques évidences.

Jean-Marc Lernould était le directeur du zoo de Mulhouse quand je croisai son chemin en 1977. Vétérinaire, ancien du zoo de Jersey – est-ce un hasard ? –, gestionnaire du labo de primatologie d'une antenne gabonaise du CNRS, Jean-Marc fut le seul représentant français à la première réunion des établissements européens, qui eut lieu dans le but de créer une association commune. C'était en 1985. À la suite de la signature de la Convention de Washington, il s'agissait pour les zoos de se fédérer afin de pouvoir effectivement vivre sur leurs stocks. Déjà, les Américains avaient élaboré des Species Survival Plan (SSP) pour les espèces les plus rares, recensé les individus, les enclos et les compétences disponibles afin de maintenir des populations génétiquement saines de ces espèces aussi rares dans les zoos que dans la nature. Jean-Marc m'expliqua un jour que désormais, la raison d'être des zoos, leur fonds de commerce, leur existence ne reposaient plus que sur un pilier : héberger et gérer au mieux leurs « collections ». Les zoos ne devaient plus penser « individus », mais « espèces ». Mais parler de collections, ça sonne statique, mort, c'est du musée !

Et pourtant non, car, comprenais-je, dès lors que les animaux sont intégrés dans des programmes, chacun d'eux est enregistré dans un grand livre, un *stud-book*, à partir duquel les zoos savent quels individus s'échanger afin de garantir la diversité génétique de l'espèce et, *in fine*, ses meilleures chances de survie.

C'est donc grâce à Jean-Marc Lernould que Doué-la-Fontaine fut, en France, le premier zoo privé – ne vivant d'aucune subvention mais uniquement de ses tickets d'entrée – à intégrer l'ECAZA (European Community Association of Zoos and Aquaria ou Association européenne des zoos et aquariums), qui devint l'EAZA quelques années plus tard. Une forme de quintessence : l'ECAZA devait se charger de créer et de gérer les programmes européens d'espèces menacées (baptisés EEP), mais aussi d'accompagner et de guider les zoos dans leurs obligations de recherche scientifique et d'éducation du public.

Voilà comment, à Doué, l'espace dévolu aux lions est passé de quelques dizaines de mètres carrés, à l'époque, à plus de cinq mille, et pourquoi ils peuvent se percher quelquefois dans les arbres. Voilà pourquoi nos singes vivent sur des îles arborées depuis trente-cinq ans. Pourquoi il y a une volière géante où les condors peuvent vraiment voler. Pourquoi l'okapi montre son drôle de pelage au singe à nez de hibou et au paon du Congo, ses voisins de la forêt de l'Ituri. Pourquoi nos tigres sont souvent très difficiles à observer, comme les léopards. Grâce à ce que j'ai appris au contact de passionnés, dans des lieux exceptionnels, j'ai éloigné le cercle mental dans lequel tout animal circonscrit sa vie en captivité. Je me souviens d'un animal récupéré d'un cirque, comme souvent dans les premières années. Chez nous, il ne changea rien à son comportement durant des mois : il tournait en rond, s'imaginant encore dans sa cage, ignorant l'espace qu'on lui avait laissé. Il se conformait à l'image que la presse donnait des zoos à cette époque, à celle que de nombreux pères de famille d'aujourd'hui ont des zoos de leur enfance. Il tournait en rond et, inlassablement, il creusait un sillon de la taille de son ancienne cage de cirque, comme un pénitent à genoux tournant autour d'une relique. Et puis, progressivement – cela prit des mois –, il vit des endroits où se cacher, des arbres à rogner, des plantes à arracher, des écorces sur lesquelles se frotter. Alors il abolit son mur imaginaire et investit tout l'espace. J'ai eu l'impression de lui avoir au moins rendu sa dignité.

À l'enterrement de mon père, beaucoup de gens sont venus me voir pour me dire à quel point Doué les avait influencés dans leur vie. « Toi et ton père, vous avez tracé la route ! » En fait, on a plutôt relié les sillons de tous ces maîtres que j'ai eu la chance de rencontrer. La vie, ce n'est pas aller tout droit, c'est se laisser attirer par des grands attracteurs, afin d'exciter le hasard. Il y a des gens qui tracent les routes, d'autres qui les gèrent. Ce sont ceux qui entraînent les autres qui laissent une trace.

HEUREUX DE N'AVOIR PAS VU LE TIGRE

Il y a une drôle d'émission à la télé, que je n'ai jamais regardée mais dont la simple existence me paraît révélatrice : *Une saison au zoo*. Diffusée sur France 4, elle suit le quotidien du personnel du zoo de La Flèche et celui des stagiaires qui – car il faut, bien entendu, créer du suspense – tentent de s'y faire une place. Qui sera embauché ? L'histoire d'amour entre Machin et Machine va-t-elle continuer ? Taïko l'ours blanc, Câline le chimpanzé, Cookie l'otarie, Lady & Gaga les tatous vont-ils se battre, se fâcher, se reproduire ? Jamais je n'aurais cru que la vie d'un zoo pût intéresser à ce point des producteurs télé et les téléspectateurs. Car on est dans le domaine de la téléréalité. Comment fixer le téléspectateur chaque jour devant le quotidien d'un zoo, qui n'est pas une dramaturgie, mais bien plutôt une routine ? J'ai passé toute ma vie dans les allées, avec les animaux, à la caisse, au bureau, et je peux vous dire que si la beauté de ce métier existe bien, elle est pour l'essentiel intérieure.

Difficile d'imaginer qu'un quidam puisse devenir fan d'un soigneur nettoyant l'antre d'un rhinocéros, comme on était fan de Loana et, aujourd'hui, des *Ch'tis vs Les Marseillais*.

Et pourtant elle tourne, la planète média. Et pourtant ça marche, *Une saison au zoo* ! Tant et si bien qu'une quatrième saison est en cours, parce que l'audience est au rendez-vous. Le zoo de La Flèche en bénéficie, car il a connu une belle année 2014 et une excellente année 2015. Tant mieux pour lui, lui qui fut le premier zoo de l'après-guerre en France, et l'aiguillon de mon père alors qu'il envisageait de créer le sien.

Laissant de côté ma surprise et, je dois le dire, mon incompréhension, je vois dans cet incontestable succès une victoire. Souvenez-vous en effet de l'ambiance hostile que nous connûmes dans les années 1970. Nous craignions à l'époque de devoir fermer nos établissements. Les médias, les scientifiques, les naturalistes, les « gens », tout le monde nous accusait de maltraitance animale et de complicité de braconnage et de massacre. Quarante ans après, il faut croire que l'opinion publique a changé de rive, puisqu'une émission reposant sur les épaules de prétendus empêcheurs de biodiversité n'aurait aucun succès. C'est donc que les zoos intéressent toujours, comme ils le faisaient dans les années où La Flèche et Doué ont démarré. Ou qu'ils ont changé. Mais pas seulement, car dans le succès de cette émission, dans la façon dont elle est vendue par la chaîne, dont les médias en parlent, je sens surtout une fascination pour l'animal. Plus exactement, une personnification. L'animal serait bien devenu une personne.

La compagnie des rois

Le fait qu'un zoo soit devenu un objet médiatique est en soi une bonne nouvelle, ne chipotons pas. Cela démontre que notre métier est désormais socialement accepté, et même valorisé. Un long combat qu'en ce qui me concerne je n'aurais pu gagner sans les rencontres d'êtres et de lieux d'exception dont j'ai déjà dit quelques mots plus haut.

Que de chemin parcouru !

Quand nous ouvrîmes, en 1961, nous récupérions les animaux à droite à gauche, dans les cirques ou les coffres de voiture. On n'imagine pas ce que les gens pouvaient avoir chez eux, les militaires et les expatriés de retour des « colonies » en particulier, alors qu'on n'avait pas inventé le concept commercial de NAC, nouvel animal de compagnie. Le spectacle des bêtes s'enrichissait de l'image qu'on en avait alors, dans une France rurale où l'on n'avait pas encore perdu le lien quotidien, à la vie à la mort, avec des animaux domestiques immédiatement utiles : les animaux étaient des bêtes, c'est-à-dire des êtres différents de l'homme, ne valant que par l'exotisme attaché à des régions du monde que nous dominions encore. En quelque sorte, les bêtes n'avaient pas d'existence propre. C'était du folklore, dévoué à notre divertissement.

L'histoire est ancienne car depuis que l'homme a commencé à domestiquer les animaux, depuis qu'il jouit de son statut privilégié dans une nature qu'il a commencé à dominer au néolithique, il aime à regarder de haut les animaux sauvages. L'origine de la chasse est d'ailleurs édifiante. Dès lors que la société s'est sédentarisée, elle s'est figée dans une hiérarchie. Et pour bien montrer sa différence avec la majorité agricole et commerçante, pour justifier son pouvoir, l'élite dirigeante a proscrit la chasse alimentaire au profit de la chasse de plaisir. De source de nourriture et de peaux, l'animal sauvage est progressivement devenu un symbole réservé, et la chasse un rite : passage à l'âge adulte, acte sexuel déguisé, exercice de la guerre, confrontation à la mort, incarnation de l'élection de l'homme parmi les espèces. Le chasseur est un homme très particulier, car au-dessus de tous les autres de par sa force, son courage et son adresse. Pas le tout-venant. Cette fabrication anthropologique, sorte de marketing aristocratique, opposait la sauvagerie de la chasse strictement alimentaire, vulgaire, préhistorique, à la beauté de la chasse pour le plaisir, la chasse civilisée, celle qui, pour valoriser l'homme policé, a eu besoin, physiquement et mentalement, de créer « l'animal sauvage ». Celui-ci fut ainsi idéalisé dans sa sauvagerie, par sa sauvagerie. La chasse et le chasseur étant l'aboutissement du raffinement de la civilisation. En fait, à peu près partout dans le monde, dès l'Antiquité a démarré l'association entre chasse, domination et pouvoir, et son corollaire, l'interdiction de chasser faite au « vulgaire » qui n'avait comme pouvoir que celui de travailler et comme besoin unique celui de se nourrir. La revendication qui revint le plus souvent dans les cahiers de doléances fut le droit de chasser, et le massacre qui eut lieu dans les campagnes après que la Révolution l'eut accordé au tiers état (avant de revenir en arrière, tant les campagnes se dépeuplèrent !) ne devrait pas étonner.

Ancienne, la « chosification » de l'animal sauvage ne pouvait que se traduire par son enfermement. Ce qu'on ne chasse pas peut être un trophée, preuve de la magnanimité du chasseur : en le regardant chaque jour, le geôlier voit sa puissance dans le prisonnier qui se morfond. À Babylone comme chez les Mayas, en Chine comme en Égypte, les pouvoirs, d'argent, séculiers et religieux, s'entouraient d'une cour animale. Composée d'espèces divinisées (le vautour, par exemple, très bien placé dans le panthéon égyptien !), d'animaux voués à faire joli ou à finir dans une arène à se battre entre eux ou contre des hommes condamnés à l'infamie d'être mangés. Les animaux sauvages venaient parfois de très loin, car la puissance attachée à leur possession était plus grande encore s'ils avaient fait du chemin pour venir. La chasse était un outil diplomatique permettant de montrer son rang, le cadeau zoologique en était un autre. Offrir un éléphant d'Afrique à Frédéric II, empereur germanique, roi de Sicile et de Jérusalem durant la première moitié du XIIIe siècle, était un signe de puissance marquant l'égalité entre les deux souverains, pour le sultan d'Égypte Al-Kamil. Plus tard, beaucoup plus tard, Marie, reine de Hongrie et de Bohême, grande chasseresse et fauconnière de haute réputation, offrit des phoques à François Ier, qui vinrent grossir ses petites ménageries d'Amboise et de Saint-Germain. Quand Catherine de Médicis et son mari Henri II entrèrent à Rouen le 1er octobre 1550, ce fut en compagnie d'éléphants. Au début du XIXe siècle, le pacha d'Égypte, après avoir offert une girafe à Charles X, la célèbre Zarafa qui déclencha une véritable hystérie en France, continua d'envoyer d'autres girafes et hippopotames aux cours européennes pour entretenir ses relations diplomatiques.

L'Europe des ménageries françaises

D'une certaine façon, ce sont les rois qui ont inventé les zoos. Des zoos ambulants qui les suivaient partout, d'un château à l'autre. Une cour animale dont aimaient être entourés les rois maudits. Une cour qui deviendra sédentaire avec le premier descendant Valois de ces derniers souverains morts sans héritier direct : c'est Philippe VI qui installera au Louvre les lions et guépards de la ménagerie royale. Mais c'est son petit-fils qui créera la plus renommée, la plus impressionnante, à l'hôtel Saint-Paul, dans le Marais parisien. Ces ménageries, comme celle de Saint-Germain, perdureront mais seront un jour éclipsées par l'édifice que Louis XIV fera bâtir à Versailles. Une splendeur, l'archétype des zoos « modernes », qui le resteront jusqu'à il y a peu. Tout autour d'un grand bâtiment octogonal, des « cours » accueillaient des animaux regroupés par type ou origine. Ce joyau – paraît-il, car il finit par tomber en ruine sous le règne des deux successeurs du roi –, s'intégrait parfaitement dans le paradis que Le Nôtre avait pensé en dessinant les jardins de Versailles. Louis XIV aimait y contempler ses animaux, qui reflétaient sa force, sa puissance, sa splendeur et sa fortune, et, quand il était absent du château, ce qui ne lui arrivait pas souvent, le public avait l'autorisation de s'ébahir aussi. Ce fut le premier zoo tel qu'on l'imagine aujourd'hui, qui fut copié par tous les monarques européens, comme tout ce que mit en œuvre le Roi-Soleil. C'est ainsi qu'à Vienne, Frédéric, empereur d'Autriche, fit élever sur le modèle de la ménagerie de Versailles le zoo de Schönbrunn, en 1752. Il est toujours ouvert au public !

En France, après la Révolution, la ménagerie du Jardin des Plantes récupéra ce qui restait de vivant de celle de Versailles, ruinée par l'abandon. Elle recueillit aussi tout ce qui ne fut pas massacré par les révolutionnaires, qui s'attaquaient à tous les symboles de la royauté, profitant de leur droit enfin reconnu de chasser : les animaux sauvages du roi furent nombreux à finir en chaussures et en repas.

Organisée en pavillons dispersés dans une belle nature, la nouvelle ménagerie parisienne dicta une fois encore la mode à l'Europe entière. Plus tard, au milieu du XIXe siècle, l'Angleterre inventa les tickets d'entrée, les restaurants, les salles de conférences et les boutiques de souvenirs... À cette époque, les zoos étaient tous organisés de la même façon : il fallait montrer que l'animal n'était qu'une bête féroce – je vous en ai déjà parlé –, mais aussi le présenter à la manière d'un inventaire. Le monde était alors en pleine description de lui-même, il rangeait ses espèces à mesure qu'il les décrivait, en attendant que Darwin les reliât. Les animaux étaient donc, dans les zoos, ordonnés comme les éléments d'une collection, comme des pots sur les étagères d'un pharmacien ; chaque cage était un tiroir à barreaux.

Ce n'est que vers le dernier quart du XIXe siècle que l'on commença à ériger de grandes volières, à creuser des bassins, à amonceler des rochers. Le zoo de Senningen, en Allemagne, marqua une rupture totale : ouvert en 1907 par un chasseur et un vendeur d'animaux légendaires, Carl Hagenbeck, il séparait les visiteurs des visités par de simples fossés, non par des clôtures. Une immersion qui bouleversa l'Europe et s'exporta jusqu'à Paris : ce fut d'ailleurs l'un des fils de Carl Hagenbeck qui construisit et équipa un petit zoo pour les besoins de l'Exposition coloniale de Paris de 1931, sur le plateau de Gravelle. À Vincennes.

La compagnie de la République

Le zoo de Vincennes n'avait pas d'autre but que d'assurer les familles françaises de la grandeur de l'œuvre coloniale de la République. Les animaux venaient de toutes les contrées de l'Empire, montrant l'universalité de la présence de la France. Rien n'avait changé, *in fine*, depuis l'aube de la captivité de l'animal sauvage : le lion représenta la force du roi avant d'incarner la puissance de la nation. Notre zoo, comme les autres, fut lui aussi le reflet de ce qu'était la France d'alors. Les animaux que nous recevions, qu'on nous proposait, étaient ceux de pays qui étaient ou avaient été de nos possessions. Ils étaient le fidèle indicateur des endroits où la France faisait la guerre. De retour en métropole ou en permission, expatriés, fonctionnaires détachés et militaires revenaient les poches pleines. Les pythons et les singes arrivèrent ainsi en nombre après la guerre d'Indochine. L'indépendance de Madagascar fit que beaucoup de zoos ne surent bientôt plus quoi faire des lémuriens. L'Algérie et la Tunisie fournirent de beaux contingents de fennecs, ces petits renards aux grandes oreilles ultrasensibles assez faciles à apprivoiser, mais qui meurent terrifiés par le bruit. Quant à l'Afrique noire, colons et militaires en sont toujours revenus avec des paquets de cartes postales vivantes. Du lézard au perroquet gris, et du singe vert au bébé chimpanzé.

Mais voilà, hier comme aujourd'hui, un animal sauvage, c'est comme une tortue : ça grandit et ça grossit. Et puis ce n'est pas toujours aussi sage et gentil qu'un chien. Les « nouveaux animaux de compagnie » de nos contemporains en mal de sauvagerie ne sont que la continuité de ce qui fut le reflet de notre histoire coloniale. Eh oui, madame, un python dans votre maison finit par occuper toute votre maison… Et comme autrefois, le python ou l'iguane finit souvent ses jours dans un zoo où il tente de survivre.

Le prix de l'émerveillement

Comme à l'époque, les propriétaires de ces animaux qui n'ont rien à faire chez eux les oublient et ne songent qu'à l'émerveillement qu'ils leur procurent. Il y a soixante ans, les propriétaires de zoos offraient la même chose à leurs visiteurs, et même uniquement cela. Le chimpanzé portait un nom, le lion faisait des mamours au soigneur, et l'otarie jouait avec un ballon. Le zoo était un livre d'images qui nous ramenait en enfance. Il était comme le cinéma, puis la télé. Une succession de clichés les figeant, lui et les colonies, dans des attitudes immuables. Le syndrome Banania et des images en couleurs glissées dans les plaques de chocolat. Un mélange de racisme positif et de condescendance. Seule comptait l'émotion qu'on en avait. Si le livre était abîmé, on passait à un autre.

Qu'il ait été prélevé sur commande d'un zoo – et à quel prix (voir le chapitre précédent) – ou bien offert par un expatrié ne sachant plus qu'en faire, l'animal sauvage devait se soumettre ou périr. La méconnaissance des conditions de vie et des comportements entraînait des massacres silencieux. De bonne foi, on laissait des singes dehors, car tout le monde le sait, les singes sont toujours mieux dehors. Sauf que dehors, chez eux, il n'y a pas de gel, alors que dehors, chez nous, il y en a en hiver. Parce qu'ils venaient de pays chauds, les guépards étaient enfermés, le soir, dans des cages chauffées. Et ils mouraient vite, car un animal n'est pas qu'une machine thermique. Il est un être vivant.

Et un représentant de son espèce. Le problème des zoos d'alors était qu'ils raisonnaient en individus. Les animaux étaient leur cheptel, qu'ils entretenaient pour le bénéfice qu'ils en tiraient : la satisfaction sonnante et trébuchante du public. Pour continuer de l'émerveiller, il s'agissait de les considérer comme des chiens de concours. Les bien nourrir, les bien soigner, les laver de façon qu'ils présentassent bien, comme au cinéma, à la télé et dans les magazines. Ainsi pensait-on bien faire quand on mettait le guépard au chaud. Et lorsque mourait le fauve, on le remplaçait, par un autre dont la capture se soldait par la mort d'une dizaine d'autres.

Dès lors que nous prîmes conscience que chacun de nos pensionnaires était le représentant d'une espèce quelquefois menacée, ne serait-ce que par les années passées à le capturer dans des conditions déplorables, les choses durent changer. Cela se fit progressivement, bien entendu. Au cours des années 1960, les alertes de personnalités, telles que Pierre Pfeffer, et de structures éminentes, comme la Société zoologique de Londres, aboutirent à la publication des *International Zoo Yearbooks*, dans lesquels tout propriétaire sachant lire pouvait savoir qui possédait quoi, et combien (ça, c'est la partie *stud-book* dont je vous ai déjà parlé : chaque animal de chaque zoo a sa carte d'identité et son arbre généalogique), et avait accès à une foultitude d'informations pratiques sur l'élevage des animaux en captivité. L'établissement en 1973 de la Convention de Washington et son adoption progressive par tous les pays ne furent en définitive que l'aboutissement de cette longue maturation de la notion d'espèce dans l'esprit des gestionnaires de zoos. Elle donna à ceux-ci une responsabilité considérable : celle de maintenir en vie des espèces menacées de disparition dans leur pays d'origine, en ne comptant plus que sur leurs représentants déjà en captivité.

À partir de là, la façon de s'occuper des animaux et de les présenter au public fut bouleversée : il ne s'agissait plus uniquement de contenter le public, mais de trouver les meilleures conditions d'existence pour nos pensionnaires car il en allait de la survie de formes de vie. En France, les pouvoirs publics encadrèrent cette démarche grâce à la grande loi de protection de la nature de 1976, dont le décret relatif à la présentation d'animaux sauvages au public imposa aux gestionnaires de zoos de respecter des normes sanitaires et de bien-être pour leurs animaux, et de disposer d'une « capacité » à présenter des animaux sauvages au public. Cette loi est bien entendu toujours d'actualité, elle a été amendée par un nouvel « arrêté zoo » en 2004, qui modifie les normes de contention et surtout impose un devoir de conservation des espèces menacées.

La conquête de l'espace

Souvenez-vous, cher lecteur, c'est pendant cette période d'effervescence intellectuelle que je débarquai du Maroc. Mon horizon désormais ouvert correspondait à ce que demandait la société. Mon père, qui était du genre autoritaire mais qui aimait avant tout la nature, comprit mon questionnement : je ne pouvais imaginer continuer de travailler dans un zoo qui semblait une prison, avec des animaux ne pouvant exprimer leur comportement naturel ; alors je réclamai, j'exigeai et j'obtins de l'espace. Il fallut du temps, évidemment, pour que la barrière mentale de nos animaux, dont je vous ai parlé, s'ouvrît en grand. Mais quel bonheur, quel bouleversement de voir nos animaux changer complètement d'attitude ! Que ce soit les léopards, les singes ou les lions, nous les avons vus redevenir... des animaux. Qu'étaient-ils donc auparavant ? Qu'avions-nous montré aux gens pendant toutes ces années ? Rétrospectivement, j'en ai un peu honte. Nous avons assisté à des renaissances. Parce qu'ils retrouvaient et montraient enfin des comportements qui correspondaient à ceux que les éthologues, les naturalistes, les Denis-Huot et autres merveilleux observateurs voyaient, enregistraient, notaient.

Cette renaissance était tellement accomplie que, paradoxalement, nos animaux plus « heureux » devinrent plus craintifs. Tant qu'ils se morfondaient dans de petits espaces, il n'existait pas de distance avec nous. Nous faisions partie de leur univers, de leur décor quotidien, au même titre qu'un barreau, un seau, un arbuste. À partir du moment où ils se retrouvèrent dans des espaces bien plus grands, nous les vîmes se terrer, se cacher, se dérober à notre vue. C'était bien la peine ! Et le public, alors ? En fait, la distance désormais bien réelle nous rendit anonymes, et donc, pour les animaux, menaçants. Alors, les chacals cessèrent de se reproduire comme des lapins pour le faire épisodiquement, dans des terriers. Alors, les makis catta, nos lémuriens malgaches à qui nous avions pourtant offert une île arborée, se mirent à la baston. C'est que dans leur petite « volière » d'avant, ouverte à tous les regards, le marquage olfactif de chacun se mêlait à celui des autres, et aucune hiérarchie sociale ne pouvait apparaître. Par contre, dans les arbres, la conjonction de l'espace et des possibilités de cachette redonna son rôle à chaque trace olfactive. Une galère, car il devint plus compliqué de gérer les vies familiales !

Cela dit, même si l'homme redevient une menace pour un animal désormais séparé de lui par une distance bénéfique, il n'en reste pas moins très proche. Attention, danger. Né en captivité, n'importe quel prédateur sait, sent, que sa vie dépend de l'homme, qu'il n'a en conséquence aucune raison d'en avoir peur. Ambivalence dangereuse car un animal de zoo – même s'il a pu retrouver instinctivement son comportement sauvage parce que, dans l'espace confortable qui lui est consacré, il n'est pas dans la présence permanente de l'homme – une fois relâché dans la nature, n'a plus aucune distance vis-à-vis de ce dernier. Une réintroduction doit toujours tenir compte de la dangerosité de l'animal pour l'humain, qui, de soigneur, peut devenir proie… pour que l'animal s'habitue à son rythme à ce qu'on lui demande de redevenir : sauvage. Ayant longtemps observé la vie de mes animaux, je suis toujours surpris de l'argument mis en avant par certains détracteurs des zoos concernant les capacités du prédateur à pouvoir être réintroduit. Pour moi qui ai vu des fauves nés dans des cages de cirque se mettre à chasser avec succès au bout de quelques mois passés dans un enclos naturalisé, le véritable obstacle, c'est le choix de la proie, sachant que, de toutes, c'est l'homme qui est le plus facile à capturer.

D'autres surprises nous attendaient encore quand je décidai de végétaliser nos enclos, ainsi que je l'avais vu et appris chez Durrell & Co. Les animaux font leur choix, mais, curieusement, ils acceptent mieux la végétation qui leur arrive par la voie des airs, des graines, que celle que nous plantons directement dans leurs enclos.

Des petits plats pour nos grands

Tout a changé, en vérité, depuis nos années héroïques, et notamment l'alimentation des animaux.

Souvenez-vous de ce que je vis avec mon père dans les zoos anglais : des nutritionnistes animaliers. Eh bien aujourd'hui c'est évidemment la norme. Non que chaque établissement dispose de son propre spécialiste, mais il existe au sein de l'EAZA un comité « nutrition » qui peut aider le coordinateur d'une espèce à élaborer un régime adapté, ainsi que des entreprises qui fournissent des aliments industriels ou naturels pour à peu près chaque espèce. Quelle évolution ! Quand je pense qu'avant, enfermés que nous étions dans nos clichés, nous donnions de la viande rouge, forcément, à nos carnivores ! Au lion, au guépard et à la hyène (avec un os pour elle) ! La viande rouge fichait en l'air les reins de ces carnivores qui vivent beaucoup plus longtemps en captivité que dans la nature, et, à force, même le « roi de la savane africaine » devenait pataud, gras, cardiaque. Comme nous. Il m'a fallu un certain temps pour comprendre que la plupart des prédateurs mangent avant tout ce qui leur procure le plus d'énergie. Les viscères, par exemple. Les boyaux. Regardez mieux les documentaires animaliers : le lion ouvre le ventre de l'antilope, se plonge dedans, se repaît des tripes et, ensuite seulement, passe à la bidoche. Quelques kilos par jour, tout de même. Maintenant, on varie la nourriture de nos lions. Et un peu de viande rouge. Moins qu'avant. Le guépard, quant à lui, chasse gazelles et surtout lapins dans la nature. On lui donne plutôt des viandes blanches – poulet ou lapin. Pour tous les autres, mammifères, reptiles et oiseaux, des sociétés spécialisées ont des mélanges et des granulés complémentaires pour chaque espèce. C'est hors de prix, mais efficace.

Cela répond à la question que l'on me pose souvent : « Vous leur donnez des proies vivantes, à vos prédateurs ? Des poules, des lapins, des cobayes ? » On a pu le faire de temps à autre, plutôt pour raviver un appétit défaillant, mais outre que ce serait quand même plus compliqué à gérer que de la viande livrée à domicile, c'est moralement délicat. Il est vrai que cela ferait un spectacle ; toutefois, sacrifier des vies pour en alimenter d'autres, même celles qui de toute façon finiront à la boucherie, est assez difficile à admettre. Certains zoos chinois ont recours à cette pratique, mais elle n'est pas du goût de nos pays occidentaux. Je ne vous cache pas, cependant, que nous ne réprimandons pas nos animaux qui attrapent ce qui passe à leur portée. Pigeons, lapins, paons et quelquefois un oiseau échappé de sa volière passent devant la dent du lion à leurs risques et périls ! Cela entretient la forme et les bons réflexes et, qui sait, maintient les capacités de l'espèce.

L'écologie est féminine, les zoos aussi

Les jeunes qui entrent chez nous sont aux antipodes de ce que j'étais à leur âge. Je n'ai pas fait de longues études, c'est la pratique quotidienne du zoo qui m'a formé à lui. J'ai appris par mes rencontres à changer mon rapport aux animaux. Les gamins qui nous rejoignent aujourd'hui sont au contraire de vrais pros. Écoles, diplômes, et surtout une motivation pour la préservation de la biodiversité : militants, ils viennent ici pour participer à la préservation d'une nature qu'ils pensent menacée, et aller à la rencontre de la vie sauvage. Ils savent. Ils aiment. Parfois un peu trop, ce qui atténue leur capacité d'adaptation, voire leur jugement. Nous avons appris, en recrutement, à nous méfier des aspirants soigneurs qui ont peine à cacher leur misanthropie, leur culpabilité d'être, selon eux, l'espèce responsable de tous les malheurs de la planète. Et qui la projettent, en conséquence, sur les animaux. La dialectique dominant/dominé. Symboles de virginité, de pureté, les animaux sont faciles à « humaniser » par certains qui transfèrent sur eux un besoin d'affection, compensent une timidité, un manque de confiance en soi, un dégoût de leurs semblables. Méfiance, car un animal reste un animal, et il est impossible de prétendre travailler dans une structure commerciale avec l'effroi du rapport à l'autre, à l'humain. Il n'en reste pas moins que ceux que nous recrutons sont bien mieux formés, plus mûrs, plus impliqués et plus professionnels que leurs ancêtres, souvent pas bons à grand-chose, quelquefois voleurs de mobylette que mon père embauchait car c'était ça ou le gendarme, ou, pis, l'usine.

Le physique des personnels a même changé !

En particulier celui des femmes. Il y a trente ans, c'étaient des rustiques, il faut bien le dire. Logique, car le métier était dur, viril, fait de semi-délinquants solidement bâtis qui calmaient leur rage dans un prétendu rapport de force avec le monde animal, symbole, pour eux, de compétition physique. On entrait dans le métier par le soin aux animaux, et par la puissance. Alors, les femmes étaient tout aussi bien bâties que les hommes...

Aujourd'hui, c'est l'inverse. Comme toutes les activités liées à la nature, à la protection de l'environnement, à l'écologie, le métier s'est largement féminisé. Après tout, la société des hommes a longtemps dominé l'écologie et les femmes. Elles se sont retrouvées, se sont aimées, et aujourd'hui ce sont bien les femmes qui emplissent les amphis de sciences naturelles et s'occupent d'écologie dans les collectivités locales. Ce n'est donc pas un hasard si elles sont les plus nombreuses à postuler à l'entrée des zoos – il n'est qu'à voir, à ce qu'on me dit, la téléréalité chez mon collègue de La Flèche. Beaucoup de femmes, et de femmes plus féminines qu'avant.

Preuve que le rapport aux animaux a bien évolué. Ce n'est plus un rapport de force à établir avec une prétendue sauvagerie.

Cela dit, comme pour les hommes, il faut parfois faire très attention. J'ai vu des candidates à l'embauche manifester un besoin maternel de s'occuper des animaux. Difficile à accepter. Comment, sinon, conserver la distance nécessaire avec l'animal, qui reste, je le répète, un animal ? Sauvage, qui plus est ! Mais peut-être est-ce inévitable pour certaines femmes. Travailler dans un zoo ou dans une cuisine de restaurant, c'est un peu la même contrainte horaire et physique, difficile à marier avec la maternité. Mais je dois en bénéficier, de ce rapport particulier qu'ont les femmes avec les animaux, car manifestement elles s'occupent mieux des enclos. Allez visiter – si elles vous acceptent, ce n'est pas garanti ! – ceux des rhinocéros à Doué-la-Fontaine : ils sont parfaits. Un exemple en la matière. Tenus par deux employées exceptionnellement douées, et exceptionnellement exigeantes.

J'ai beau me méfier de l'humanisation des animaux, de l'anthropomorphisme, des prénoms cuculs donnés par leurs soigneurs, des anniversaires qu'ils leur fêtent, ce personnel nouveau, passionné, formé, sensible, a complété merveilleusement le travail d'ouverture du zoo, démarré il y a un quart de siècle. C'est grâce à lui que le parc est ce qu'il est aujourd'hui. Les visiteurs s'y sentent bien, ils ont l'impression, me disent-ils, de pénétrer dans notre jardin familial. Parce qu'ils y voient

Devant l'Hôtel du Lion d'Or (au nom prédestiné ?), à Doué-la-Fontaine, mes grands-parents posent avec mon père Louis sur sa motocyclette.

Mon père vient d'ouvrir son zoo aux Minières et a recueilli Asma, une jeune lionne rescapée d'un cirque.

Fin des années 1990, trois générations de la famille Gay à l'entrée du parc.

Au début de l'aventure familiale, avec Gaston, un ara qui nous a accompagné pendant quarante ans.

En 2000, premier voyage à Madagascar. Augustin nous emmène à la rencontre de « sa » nature.

Omer Dovi, le directeur de l'Association pour la sauvegarde des girafes du Niger (ASGN).

Peggy Lavergne, en charge des Projets Nature, rend visite à l'équipe de l'ASGN. Ici en compagnie de Boubacar, le chauffeur, d'Omar, l'animateur, d'Omer, le directeur et de Kimba, le « roi » des guides-girafes !

L'un des festivals annuels des lémuriens dans la région de Maroantsetra (Madagascar).

Départ de la première transhumance à Kotel, en Bulgarie.

Pérou : un ours à lunettes du refuge, devant le mont Chaparri.

Heinz Plenge, entouré de l'équipe des guides et écogardes de la réserve de Chaparri, au Pérou.

Un vari roux, qui fait partie
des vingt-cinq primates les plus
menacés au monde, sur une île
du Bioparc de Doué-la-Fontaine.

Omer Sékou, l'un des sculpteurs nigériens qui travaillent devant nos visiteurs depuis 2004.

Made Yasa, sculpteur indonésien, met la dernière touche à une création monumentale.

Je vérifie le développement de Lucie, jeune vautour moine née en 2014, qui a été relâchée avec succès dans les gorges du Verdon.

Un couple de touracos de Livingstone
dans le Sanctuaire des okapis
de notre parc.

Mais oui, les tigres sont bien là.
Et ils vous voient, eux !

Trémendo, notre énorme mâle ours
à lunettes, se rafraîchit pendant l'été.

Les loutres géantes bénéficient, elles aussi,
d'un environnement exceptionnel au Bioparc.

Azizi, l'un de nos okapis.

La curée des vautours,
un beau moment de partage…

Mon fils François relâche un calao
à joues argentées dans le Sanctuaire
des okapis.

des animaux sans vraiment parfois les voir, soignés par des personnels qui s'adressent à eux comme à des semblables, et pas comme à des demeurés incultes, des soigneurs sensibles aux animaux sans transfert affectif.

Voilà pourquoi ce que j'ai fait du zoo de mon père, et ce que mon fils est en train d'en faire, est un succès. En fait, la recette est simple : un zoo doit être le reflet de la société pour laquelle il sera toujours, je l'espère en tout cas, son aiguillon naturaliste.

Des jaguars...

Mais j'ai failli arrêter. Mon père a failli arrêter.

Le soir du 5 décembre 1998, j'étais avec Élisa en route pour quelques courses à Angers. Un rare moment sans mon père, qui nous avait poussés, qui avait insisté pour que nous sortions. Mon père pour une fois seul, à une saison où le parc n'accueillait pratiquement pas de visiteurs. Nous, hors de la tribu. En arrivant en ville, je lui ai téléphoné, par habitude, par culpabilité, à cause d'un pressentiment, je ne sais pas. Mais il fallait que j'appelle. Et j'ai appris l'impensable : la mort d'un visiteur. D'un petit visiteur. D'un enfant. Âgé de quatre ans. Sous la dent d'un animal. D'un jaguar. Horreur. La perte d'un enfant. Injustice aussi, car pourquoi était-ce arrivé à nous qui pensions faire notre métier avec tant de sérieux ?

Un enfant était donc là, en train de se promener avec ses parents, et puis, passant devant l'enclos des jaguars, l'un d'eux l'a attrapé, l'a blessé et l'a tué. La vie, c'est aussi simple que cela : en une fraction de seconde, sans prévenir, elle s'arrête de la pire des façons. L'enfant n'a pas eu le temps de souffrir et la bête n'a pas eu le temps de l'abîmer. Le père, blessé, s'est vite remis. Avec son petit garçon arraché à sa chair par un coup de patte. Sans doute pour jouer. Un animal reste un animal, ne cessais-je de dire, et pourtant. Et pourtant, en dépit des mesures de protection, en dépit de la liberté laissée aux animaux, en dépit de leurs exceptionnelles conditions de vie, la sauvagerie n'avait pu être contenue.

Abattus, incrédules, consternés, bouleversés, mon père et moi ne comprenions pas. Nous ne cessions de nous dire : « À quoi bon nous être démenés pour en arriver là ? À la mort d'un enfant ? » Il n'y a rien de pire que la mort d'un enfant, car elle est tout sauf naturelle. Elle est cependant venue d'un geste naturel. Du hasard, des aléas de la vie. Nous avons vécu des semaines insupportables avec cette dialectique stupide. « Non, ne vous en voulez pas, c'est Dieu qui l'a voulu, Il l'a rappelé à Lui, ce qui a été fait est fait », nous dirent les parents. Militaires, catholiques pratiquants, ils avaient ce soutien de la religion pour les aider à surmonter la mort. Pour eux, ni le jaguar ni le zoo n'étaient responsables car c'est Dieu qui préside à nos vies. Croire facilite l'acceptation de la mort.

Très prosaïquement, cette foi a aidé le zoo, car nous ne nous serions pas remis d'un procès, que nous aurions qui plus est sans aucun doute perdu car nous n'aurions pas eu l'énergie de nous défendre. Le zoo a été fermé par décision du préfet, le temps que l'enquête administrative et policière établisse les faits, les responsabilités. Répondant à notre affliction, le représentant de l'État nous asséna une chose simple : « Ça n'arrivera plus jamais. » C'est ce que nous avions besoin d'entendre. Alors nous avons compris.

Grâce au microscope électronique, nous avons compris qu'un fil du grillage avait perdu la moitié de son diamètre, sans que cela fût visible à l'œil. Nous avons compris que, le matin de la tragédie, un fureteur était passé, comme d'habitude, pour que ses furets traquent les lapins qui creusent sous les grillages. Que les jaguars femelles avaient été rendues folles par l'odeur très forte des furets. Ce qui les avait précipitées sur le grillage, qu'elles avaient mordu jusqu'à le faire céder. Les drames sont toujours le résultat de la conjoncture d'aléas qui, seuls, sont anodins. L'enquête le démontra : personne ne pouvait prévoir ce drame, rien dans la littérature professionnelle n'aurait pu éveiller notre curiosité sur l'impact d'un furet sur des jaguars femelles. L'enfant était donc mort au hasard, ce qui était encore plus insupportable.

La préfecture autorisa la réouverture du parc le 13 mars 1999. Le préfet, remarquable dans cette affaire, nous demanda, par respect pour les parents, de modérer notre communication pendant un moment, affirmant que le temps arrangerait les choses. Il avait raison. Nous avons été transparents, bien avant que le mot vînt à la mode jusqu'à ne plus vouloir rien signifier. Nous sommes allés bien au-delà des recommandations des enquêteurs pour renforcer la sécurité des enclos et réorganiser le parc. Nouvelle étape, léger retour en arrière : afin de mieux repérer les éventuels défauts de sécurité, je décidai d'éclaircir la végétation, de renforcer les clôtures existantes, et d'instaurer une surveillance permanente du site. Pour conjurer le sort, et aussi parce que l'« accident » – car il faut l'appeler ainsi – était lié à la méconnaissance d'un comportement animal, j'embauchai un vétérinaire, un chef animalier et deux soigneurs de plus. Nous avons tout révélé à la presse, au public, à l'administration, à nos confrères et concurrents. Nous le devions au petit, que sa mort soit au moins utile à l'ensemble de la profession. Ça l'a été, et bien au-delà de ce que nous espérions car l'État s'est appuyé sur ce que nous avons fait pour moderniser en 2004 la directive régissant les parcs zoologiques. Et le public est revenu. Mais pas la foi de mon père qui, durant les mois suivants, a vécu chaque jour avec la peur qu'un nouvel accident ne survienne. Il ne s'est jamais remis de cet événement et c'est avec des regrets qu'il a pris sa retraite en janvier 1999, après quarante années de passion pour son zoo. Quant à moi, j'ai mis quelques années à me débarrasser de ce stress, mais je vis toujours avec la conscience du pire.

Le zoo et les mystères de la nature

Un animal reste un animal, je ne le dirai jamais assez. La captivité ne le change en rien. Sa « sauvagerie », comme on disait avant, je dirai, moi, son caractère, est toujours là, enfoui tant qu'il est inapproprié, pouvant ressortir sans avertissement. Et perdurer, s'amplifier, envahir tout à fait si l'on n'y prend garde. L'adage est bien connu : quand un chien a goûté au sang humain, il y prend goût. Il faut alors l'abattre. C'est le sort que nous avons réservé aux deux jaguars meurtriers. Cruel ? Peut-être. Réaliste, j'en suis sûr. Les exemples sont nombreux d'animaux qui ont attaqué leur soigneur après en avoir mordu un autre par erreur. La distance psychologique n'est pas grande entre l'homme et l'animal, dans un zoo ; elle est abolie dans une mâchoire. Mordu, l'homme redevient au sens de l'animal un animal comme un autre, c'est-à-dire, compte tenu de sa faiblesse, une proie facile. Cette évidence fait que tous les zoos doivent conserver sous clé des fusils et former les soigneurs au tir, au cas où. La loi nous oblige à abattre tout animal dangereux, et il n'y a rien à redire à cela.

L'impossibilité de contraindre le comportement animal par le confinement, l'impossibilité de le prévoir, est la preuve que la nature reste pleine de mystères. On ne sait pas tant de choses que cela, et c'est justement ce que l'on veut montrer dans les zoos, aujourd'hui.

En cherchant à provoquer des sensations chez le visiteur. Nous voudrions que l'animal puisse suggérer sa présence afin que l'observateur le cherche. La quête est aussi importante que l'objet trouvé, c'est vieux comme le monde : le Graal est mythique parce qu'on n'a jamais mis la main dessus ! C'est vrai qu'avant, les gens se plaignaient de ne pas voir le tigre, alors que maintenant ils nous remercient d'avoir deviné où il se trouvait, peut-être. Pour nos visiteurs d'aujourd'hui, qu'un animal soit caché est normal. C'est animal. Au début de l'aventure du zoo, c'était exactement l'inverse. Une autre époque.

Afin de ne pas perdre ce que le public aime chez nous, nous améliorons sans cesse l'existant. D'autres parcs créent de nouveaux enclos, toujours plus grands, plus hauts, avec des espèces toujours plus exceptionnelles. Une très honorable course à l'échalote, car, dans le même temps, certains délaissent les présentations existantes. La mode est au gigantisme, aux spectacles, à la scénarisation à outrance. L'animal vit dans un environnement végétal certes conforme à son milieu originel, mais décoré comme dans un chromo d'une expo coloniale, avec des temples, des ruines, des décors qui fixent immédiatement l'imaginaire en le renvoyant à l'inconscient collectif. Il n'est plus rare de deviner le tigre dans le temple d'Angkor érigé parmi des bambous, ou le manchot de Humboldt sur le quai brumeux d'un port péruvien reconstitué. Des dioramas avec des animaux vivants.

C'est beau, c'est pédagogique, mais le risque de cette mise en scène est de rapprocher les zoos des parcs d'attractions. Or notre métier, ambigu, est bien de renforcer notre lien à la nature en entretenant sa rareté. Nous vivons, malheureusement, de l'érosion de la biodiversité, et cela exige de l'humilité et de la patience. Il n'est pas nécessaire de « disneyiser » la nature pour éviter que les enfants ne connaissent plus du monde animal que leur chat et la souris de l'ordinateur. Les zoos ont fait des progrès immenses qui leur ont permis d'être considérés comme des partenaires de la nature. Le risque existe tout de même qu'en scénarisant trop, ils transforment leurs animaux en créatures désincarnées, comme celles du zoo de Vincennes du temps de la France coloniale. La déréalisation abîme le monde, s'y réenraciner devrait se faire sans renfort de musique ou de jeux de lumière. L'émotion peut être suscitée par de petites surprises : un oiseau qui se pose près de soi, l'œil d'un tigre qui vous observe au travers d'un rideau de bambous, la langue de la girafe qui s'approche à nous toucher le visage pour quémander une feuille. Pour Jean-Christophe Bailly, philosophe naturaliste que mon fils François et sa femme Johanna ont eu comme professeur pendant leurs études de paysagistes, ce qui différencie au plus profond les zoos de la nature, c'est la notion d'animal « offert » à la vue du public. Dans nos régions, la faune se cache, sort souvent la nuit, mais quelle émotion de deviner un blaireau ou un sanglier traversant la route à la lueur des phares ! C'est cette émotion qu'il nous faut provoquer chez nos visiteurs, en laissant les comportements sauvages s'exprimer : se cacher, guetter, chasser, nicher dans un environnement naturel.

Nous n'avons besoin que de nos sens pour retrouver le réel. Et pour cela, les zoos sont une excellente école.

AUGUSTIN ET LES LÉMURIENS

Les zoos sont aujourd'hui une promesse de nature. Un entre-deux placé entre le monde sauvage et le monde civilisé. On y vient un peu comme les groupies se rendent au Festival de Cannes : pour voir de plus près, « en vrai », des stars qu'on ne voit d'ordinaire qu'à la télé, pour toucher des yeux ce qui ne bouge que dans notre imaginaire, nos vedettes de l'enfance, les animaux sauvages. Spectacle sans risques, le zoo d'aujourd'hui est pour beaucoup de gens le seul endroit où ils auront l'occasion de voir au cours de leur vie des fauves, des singes, des girafes. Le voyage coûte cher, avec des enfants il est inaccessible pour la plupart, et puis, mine de rien, faire un safari n'est pas une expérience forcément recherchée par tous. Se retrouver loin de chez soi, immergé dans une nature où l'homme est une proie comme une autre, même depuis un 4 × 4 ou un lodge de luxe, peut être très déstabilisant. Car au milieu de la savane, alors que le soleil a commencé à se coucher, face à une panthère qui, à peine perceptible, descend de son arbre comme un serpent pour aller chasser, on redécouvre des sens que la vie occidentale, aseptisée, atténue. On se reconnecte. Et cela peut être explosif. En fait, l'expérience de nature est une expérience de soi-même, elle révèle un besoin propre à chaque être humain : ressentir.

Doué-la-Fontaine est un grand jardin de sensations, c'est ce que nos visiteurs nous disent. Ils trouvent chez nous de l'apaisement. Le monde est difficile, imprévisible, fragile, brutal, violent ; ici, il est simple. Il se contente d'offrir des visions, des odeurs, des bruits. Des sensations. Une salle des pas perdus que l'on arpente pour ne partir nulle part. Mais quel voyage… Un voyage de plus en plus concerné. Cela aussi, nos visiteurs nous le disent : ils apprennent. Plein de choses sur les animaux qu'ils voient (ou ne voient pas !), évidemment, grâce aux panneaux placés devant les enclos ou aux soigneurs et animateurs qui servent de médiateurs. Des choses qu'ils retiennent car ils savent que notre parc finance des projets dans les pays d'où viennent nos animaux, afin que ceux-ci soient mieux tolérés par les hommes qui partagent leurs territoires.

Changer la valeur de l'animal qui les menace

Depuis 2005, le premier objectif donné aux zoos par les instances internationales n'est plus l'éducation (eh non, ce n'est pas d'abord gagner de l'argent !…), mais la conservation. Une obligation morale et réglementaire qui est aussi une reconnaissance du travail que nous menons au quotidien. Une responsabilité considérable : c'est grâce à nous que des espèces, trop peu abondantes dans la nature pour survivre, sont assurées de ne jamais disparaître. Pour d'autres, un peu plus chanceuses, qui souffrent mais ne meurent pas de la coexistence avec l'homme, la survie dépend à la fois de la présence de leurs membres dans nos enclos et du travail que nous menons là où elles vivent, afin que la coexistence avec l'homme soit moins dévastatrice. Juste retour des choses. Nous profitons de la beauté d'animaux qui pour nous sont des miracles de l'évolution, nous essayons de la faire redécouvrir à ceux pour qui ils ne représentent que des soucis dans leur vie quotidienne.

Au Zimbabwe et au Botswana, les éléphants sont, pour beaucoup de cultivateurs, une espèce nuisible car il leur arrive de dévaster les champs. Dissuader les paysans de leur tirer dessus ne peut reposer uniquement sur de grands discours vantant la rareté du plus gros mammifère terrestre et exposant l'immoralité de tuer des membres d'espèces menacées de disparition. Mettre en avant le bénéfice que les paysans tirent du tourisme d'observation et de chasse est autrement efficace. Leur faire comprendre que ces animaux qui menacent leur survie peuvent leur rapporter est essentiel. Redistribué, l'argent de la chasse et du tourisme sert à réparer les dégâts, à entretenir les routes et les dispensaires. L'argent occidental est en réalité un signal-prix, comme disent les économistes, par lequel change la valeur de l'animal sauvage : celle-ci n'est plus négative mais positive, l'animal dévastateur de champs n'est plus nuisible mais utile, ou, à tout le moins, indifférent au regard des hommes.

Avec nos projets *in situ*, nous nous inscrivons dans cette démarche. L'idée sous-jacente est bien d'améliorer l'image de « nos » espèces, celles de nos collections, de nos EEP, auprès des premiers concernés : les hommes qui les côtoient au quotidien. Il ne faut jamais oublier que, alors que nous avons assez dévasté notre nature pour ne plus vraiment être confrontés à sa sauvagerie, la plupart de nos contemporains dans les pays pauvres le sont encore fréquemment : sur le chemin de l'école, dans les champs, dans une concurrence pour l'espace, la terre et ses ressources, comme ce fut le cas chez nous durant des siècles. La raison directe de l'érosion de la biodiversité dans le monde est bien que l'homme veut cultiver et vivre là où vivent des animaux. Chez nous, c'est l'étalement urbain qui, en coupant les milieux naturels, empêche dame renarde d'aller conter fleurette à monsieur renard. En Afrique ou ailleurs, c'est la mise en culture de la savane ou de la forêt, l'établissement de clôtures, le défrichement pour tracer une route ou bâtir une ville. Mais ce sont aussi – et c'était le cas en France jusqu'au début du XXe siècle – les préjugés, les idées reçues, toute cette sorte de jalousie de l'homme prédateur à l'égard de ses concurrents qui expliquent le braconnage de certaines espèces. Dans presque tous les cas, on retrouve la pauvreté comme motivation à la destruction. N'oublions pas qu'il n'y a pas si longtemps, on clouait les hiboux sur les portes des fermes en France. Plus loin en arrière, on brûlait les sorcières.

Les panthères d'Helen

C'est bien beau de dire à nos visiteurs que les espèces sont en danger, que l'homme est responsable, qu'on se doit de les protéger, bla-bla-bla, mais que peut-on faire, à part pérorer ? Notre responsabilité est d'être exemplaires ! Que faites-vous alors, vous, Pierre Gay, vous, avec votre Bioparc, pour que ça aille mieux ? Vous prêchez la bonne parole, vous nous demandez d'agir, d'acheter en boutique des babioles qui aideront les « populations locales », mais concrètement ? Efficacement ? Eh bien, concrètement, nous aidons hommes et animaux à vivre mieux ensemble. On appelle cela dans notre jargon la protection « *in situ* ». À Doué et dans tous les autres zoos, c'est l'*ex situ* que nous pratiquons. *In*, c'est là-bas ; *ex*, c'est ici.

C'est une fois encore une rencontre particulière qui m'a fait découvrir l'intérêt de cette démarche. En 1985, nous étions les premiers en France à présenter un couple de panthères des neiges. Dans la foulée, j'entendis parler d'une ONG américaine, le Snow Leopard Trust, qui s'efforçait d'organiser une coexistence harmonieuse entre les panthères des neiges et les bergers dans les montagnes de l'Himalaya. C'est ainsi qu'en octobre 1986 je partis au Cachemire afin de participer au congrès annuel de cette organisation en compagnie de l'une des plus grandes femmes qu'il m'ait été donné de rencontrer, Helen Freeman, créatrice et présidente de ladite ONG et directrice du zoo de Seattle. Dépendant presque uniquement du soutien des zoos qui présentent ces animaux, le SLT est actif dans tous les pays où vivent ces félins, afin d'aider les bergers à protéger leurs troupeaux de ces prédateurs la nuit, tout en finançant, pour les femmes des communautés concernées, des formations au tissage de la laine de leur cheptel. Une laine qui, transformée, leur rapporte beaucoup plus que lorsqu'elle était vendue brute aux négociants, qui profitaient de leur dénuement.

Depuis 2001, nous soutenons ainsi la communauté villageoise de Noyen, dans le sud de Gobi en Mongolie. Notre aide a permis non seulement à la communauté de mieux vivre, mais aussi à la population de panthères de la région d'augmenter de façon spectaculaire. Un formidable travail et un réseau exceptionnel. Helen est morte en 2007, elle dédia sa vie à sa fondation et a été à l'origine de ma conception de la conservation de la nature à travers l'appui aux communautés locales.

Portraits sensibles

La graine était plantée depuis longtemps, en vérité. Depuis ma naissance, sans doute. Car si j'ai adhéré aussi vite à l'idée de monter des projets communautaires à l'étranger, si cela m'a tant enthousiasmé, et m'enthousiasme encore maintenant, d'ailleurs, avec la réintroduction des condors, c'est que je ne suis pas un naturaliste pur et dur, misanthrope et ronchon : j'aime incroyablement mon prochain. Et ça, c'est une femme de radio qui me l'a fait comprendre.

Kriss.

Beaucoup d'entre vous, chers lecteurs, doivent se souvenir d'elle. Kriss fait partie du panthéon des voix intemporelles qui marquent toute vie humaine. La radio a cet avantage sur la télé qu'elle ne joue que sur un seul sens, l'audition. Si bien que, lorsqu'une voix porte tellement de chair qu'elle éveille aussi tous les autres sens, on la retient pour la vie. On l'associe à des périodes, des âges. Pour les uns, c'est Pierre Bellemare ou Albert Simon ; pour d'autres, André Arnaud, Ménie Grégoire, Francis Zégut ou Jacques Chancel. Pour moi – j'espère pour vous aussi –, c'est Kriss. Corinne Gorse, c'est son vrai nom, m'avait fait l'honneur de son émission mythique, *Portraits sensibles*, en 2002. Le bâton de maréchal de toute personne un tantinet célèbre. De sa voix de petite fille espiègle, qui ne disait pas son âge de femme libre, elle m'avait attendri, pour mieux me percer à jour de ses yeux limpides. Durant une heure, elle me fit parler de moi, de ma vie, de ma passion. De mon zoo. Des projets que je finançais dans les pays d'où provenaient mes animaux. Vers la fin de l'émission, elle me dit quelque chose comme : « J'ai l'impression que vous êtes parti des animaux et petit à petit vous avez rencontré les hommes. » Hors micro, elle me confia que je ne parlais finalement que de mes semblables, pas souvent des animaux. Des animaux avec les hommes, jamais sans eux.

Elle avait raison, cette femme à l'érotisme intimidant. En s'intéressant aux espèces, on s'intéresse à la nôtre. Surtout quand on s'y intéresse, comme moi, non pas en se gelant le derrière à les observer des nuits durant, mais en faisant parler ceux et celles qui les connaissent parce qu'ils les fréquentent au quotidien. En écoutant l'avis des visiteurs. En voyageant. Ce que j'aime chez les animaux, c'est ce qu'ils génèrent chez les gens. Ce que j'aime chez les animaux qui vivent à Doué-la-Fontaine, c'est qu'ils sont les ambassadeurs d'espèces menacées. Ce que j'aime dans notre parc, c'est qu'il est un espace d'échanges et de sensibilisation entre les deux mondes. Ce que j'aime, en définitive, ce sont les gens. Merci, Kriss. Après tout, si l'homme n'existait pas, les animaux existeraient-ils ? Qui en parlerait, qui les dessinerait, qui les protégerait ? Non, ils n'existeraient pas, car personne ne les aimerait. J'ai passé une bonne partie de ma vie dans un bistrot, ça donne le goût de la chaleur humaine. J'étais le petit héros des clients de la maison, j'avais un père qui, après avoir eu des faisans et des daims pour lancer son zoo, se promenait avec une lionne récupérée dans un cirque sur la banquette arrière de sa DS. Un papa avec un lion dans les yeux d'un enfant... Kriss avait vu juste : j'ai appris à aimer la vie animale en commençant par gratter les parois d'une carrière pour récupérer des fossiles, parce que j'aimais tout simplement la vie telle qu'elle est. Trois générations de bistrot, il n'y a pas à dire, ça forme à tous les métiers. Je ne serai jamais un naturaliste par misanthropie, c'est sûr.

Augustin le Malgache

La preuve, Madagascar. Sur fond de *Blue Cirque*, rock and soul de The BellRays, Kriss me demanda de lui raconter un souvenir très fort. Je lui parlai alors de la Grande Île. De ces enfants qui m'avaient accueilli en me proposant un échange. Je n'avais que ma voix à leur offrir, alors je leur chantai *Alouette, gentille alouette*, dont l'air est connu de la terre entière. Dans la forêt, tandis qu'il faisait nuit d'encre, ils me répondirent, eux qui n'avaient ni radio, ni télé, ni appareil pour faire ou écouter de la musique, par leur hymne national. Leurs voix magnifiquement accordées composèrent un air qui nous fit pleurer. Pour notre retour en France, ce sont les mères, qui nous accompagnèrent, Élisa et moi, jusqu'à la rivière, qui m'émurent. Très solennellement, elles me tendirent une enveloppe. Dedans, il y avait une liasse de billets. L'équivalent de trente euros, une somme importante pour elles. Elles tenaient ainsi à me remercier pour ce que j'avais fait pour le village. C'est beau, la simple humanité. C'est beau comme la rencontre qui m'avait amené dans l'océan Indien, celle d'Augustin Sarovy. Ce Malgache, aussi petit que de bois d'ébène, vint un jour de 1998 me rendre une petite visite à Doué-la-Fontaine. Il se trouvait en compagnie d'un de mes anciens stagiaires, Miguel Pedrono, que j'avais aidé à partir sur l'île afin de parfaire son travail de thèse. Alors en cours d'écologie à Paris, Augustin me fit un spectacle comme j'en ai rarement vu : mêlant aux anecdotes locales le contexte national de la hausse démographique dans un discours aussi drôle que scientifiquement robuste, il m'expliqua pourquoi, concrètement, le bien-être des villageois était seul à même de préserver les forêts. « Quand le ventre est plein, la tête fonctionne, et quand la tête fonctionne, l'homme retrouve ses valeurs », me résuma-t-il. À Madagascar comme ailleurs, les habitants qui n'ont rien d'autre que l'agriculture pour se nourrir brûlent la forêt afin que les cendres fertilisent les sols pauvres. Mais les engrais minéraux issus de la combustion du bois ne produisent que de faibles stocks, car les sols sont peu épais. Les villageois doivent alors brûler à côté, et recommencer ainsi de suite, tels des Shadocks. La terre d'avant, laissée à nu sous les éléments, disparaît ensuite par érosion. Là où le brûlis ne peut se pratiquer, les arbres finissent en bois de cuisson. Et puisque la transition démographique n'est pas encore achevée à Madagascar et que celle-ci est une île, dont la surface est par définition limitée, l'avenir de la forêt y est déjà écrit. Avec tous les animaux qui s'y trouvent. Les lémuriens en particulier, qui figurent parmi les primates les plus menacés.

Sauf ? Sauf si les habitants ne sont plus dans la survie quotidienne : dès que l'agriculture donne plus, parce qu'elle est un peu mieux pratiquée, ils ont le ventre rempli et sont alors plus sensibles à un nouveau discours. Selon Augustin, des projets visant à enseigner de meilleures pratiques agricoles auraient des répercussions immédiatement positives sur la biodiversité locale. « Aucun être au monde ne protège son environnement s'il n'y trouve un bénéfice, et dans le cas de Madagascar, il doit être d'abord matériel. »

Enseigner, non pas imposer. Pas question pour Augustin et ses amis de jouer les pères blancs donneurs de leçons. Utiliser des vélos à pneus pleins pour parcourir les pistes et convaincre les villages les plus reculés, à l'orée de la forêt. Et puis, quand même, des actions spectaculaires, même s'il ne s'agissait que d'un peu de génie civil au début : construire des puits et des microbarrages afin de remettre en service les rizières abandonnées après le départ des colons, et ralentir ainsi la destruction de la forêt.

Le lémurien, c'est l'eau

Tel était leur projet. Convaincu, je signai sans trop réfléchir un chèque de quelques milliers d'euros pour mes deux amis. Près du village-pilote d'Ambodivoangy, dans la région de Maroantsetra, refuge d'une des dernières forêts humides du nord-est de l'île, ils construisirent un barrage qui permit d'augmenter très vite et considérablement les rendements rizicoles : le riz est l'aliment de base des Malgaches. C'est peu après l'accident mortel survenu au zoo de Doué que Miguel et Augustin revinrent me voir pour me présenter ces résultats. Alors que j'étais en pleine déprime, ils me donnèrent l'occasion inespérée de me raccrocher à la vie, à mon métier, de retrouver la passion. Car je compris grâce à eux, à leurs idées simples – moi qui me morfondais dans le : « Et après, et alors, à quoi je sers, en quoi j'aide la nature si je ne fais qu'enfermer des animaux pour qu'ils ne disparaissent pas, etc. ? » –, comment passer du statique d'un zoo à la dynamique des actions de terrain. Comment ? En conservant la foi en l'homme, à qui il suffit de peu de choses pour abandonner tout ou partie de ses préjugés. Le brûlis en était une. Des idées ne venant pas de moi mais d'un local, au même niveau de compréhension que les locaux, ont été un levier considérable pour faire accepter l'irrigation. Et la forêt s'en est souvenue : quand, en 2000, je me suis rendu sur place à l'invitation des villageois qui avaient souhaité voir l'homme qui les avait aidés depuis si loin, j'ai entendu quelques lémuriens qui répondaient à mes cris. Je dois vous avouer que j'ai appris à faire le lémurien à Doué. Je le fais chaque matin, en vérité. La forêt était encore là, à Madagascar, avec ses animaux mythiques et ses humains qui n'étaient plus indifférents à leur sort. La seule chose que je leur ai apprise, finalement, c'est que l'on peut imiter le cri des lémuriens. Ils en rient encore, et je suis condamné à rejouer mon numéro à chaque visite, bien entendu.

Une bien petite chose en regard du cadeau qu'ils me firent, de leur immense générosité en échange de ce que je les avais aidés à réaliser chez eux. Des années avant qu'il ne devienne célèbre, je constatai, les larmes aux yeux, le bénéfice formidable de l'effet colibri, promu par Pierre Rabhi : même face à un défi *a priori* insurmontable – la destruction de la forêt malgache –, un petit quelque chose peut avoir des effets considérables, dès lors qu'il est aux mains des premiers concernés. Pour un investissement négligeable qui me renvoyait à l'époque où je transformais le zoo en un vaste jardin, avec une bêche, quelques amis, des arbustes piqués ici et là et des matériaux de récupération. Du zoo de mon père j'ai fait le mien, avec mes yeux, dès que j'ai su regarder. C'est aussi ce que les Malgaches ont fait, grâce à mes deux compères. Cela valait bien, selon eux, un hymne national entonné sous les étoiles et une enveloppe ouverte au bord d'une rivière.

La même année, je fus le premier directeur de zoo en Europe à envoyer en urgence en Afrique du Sud notre soigneur des manchots du Cap afin qu'il vienne en aide à une ONG sud-africaine, confrontée à une terrible marée noire qui avait englué une grande partie de la principale colonie (installée au Cap) de ces oiseaux qui ne volent pas. Habituée à leur comportement, Brigitte Bodineau participa au nettoyage des oiseaux mazoutés et à leur relâcher sur Robben Island, île célèbre pour avoir abrité la prison de Nelson Mandela. Une expérience inoubliable pour elle et une autre forme d'implication, bénévole, à nos frais, une autre façon de « rendre » à la nature ce qu'elle nous permettait d'offrir à nos visiteurs.

Le zoo 3.0

C'est forcément avec les locaux que la protection *in situ* peut fonctionner. Au risque, sinon, de passer pour un vilain néocolonialiste blanc qui veut imposer ses vues écolos à des pauvres qui, forcément, tuent la nature par bêtise et méchanceté. Notre société judéo-chrétienne est fondée sur la culpabilité, et la nôtre en particulier, en France, sur la dialectique dominant/dominé. Nous avons détruit la nature chez nous, alors il faut absolument protéger ce qui en reste dans le monde. Nous avons appauvri, accaparé nos ex-colonies, alors il faut les aider à se redresser. Porter notre croix, en faisant porter celle de notre culpabilité au Sud. Moyennant quoi, on ne l'aide à se redresser qu'en lui appuyant sur la nuque : développez-vous, oui, mais en ne touchant pas à la nature que nous aimons aller voir chez vous, parce que nous n'en avons plus d'aussi belle chez nous. Développez-vous, oui, mais grâce à notre générosité, notre modèle, car vous ne savez rien, et l'on ne peut pas vous faire confiance. Les grands programmes d'aide au développement ou de protection de la biodiversité n'ont fait bien souvent qu'infantiliser, victimiser des peuples qui ne veulent pas délibérément détruire la nature, mais pour qui vivre mieux, c'est-à-dire ne plus survivre, passe bien souvent par une destruction de leur environnement. Le dominé n'existe que dans notre tête, car il nous assure notre posture historique de dominants. L'expérience montre pourtant que cette attitude ne fonctionne pas. Le succès des programmes de partage de la ressource touristique et cynégétique dans les pays d'Afrique australe le démontre : les ruraux y ont adhéré parce qu'ils y participent directement et sont intéressés aux bénéfices, à tous les sens du terme. Une démarche adulte parce qu'elle considère les gens comme tels.

Le zoo 3.0 était enfin né avec Madagascar. La version 1, c'était le zoo de mon père. La version 2, c'est ce que j'en ai fait. La version 3 est celle, connectée au monde, que je suis en train de transmettre à mon fils François. L'enclos, l'espace, le monde. D'abord de gros animaux dans de petites cages, devenus de plus en plus petits dans des cages de plus en plus grandes.

Un œil chaque fois plus ouvert. Des racines toujours plus profondes entre notre monde à nous et le monde sauvage qui existe toujours, loin. Avec le projet de Madagascar, le lien entre Doué et le monde sauvage n'était plus seulement la pérennisation des espèces menacées par le maintien de leur diversité génétique au moyen de la captivité, ni les relâchers ponctuels, qui en matérialisaient la réussite. C'était une aide pratique aux populations locales les plus proches de ces espèces menacées.

Un lien plus fort, immédiatement humain, évitant aux animaux la plaie de la projection anthropomorphique : je pouvais espérer en effet que mes visiteurs déplaceraient leur affection de l'animal qu'ils avaient payé pour voir vers le lien subtil existant entre lui et les hommes, en les informant que leur argent ne servait pas qu'à protéger ici – acte défensif –, mais à embellir là-bas.

Quarante projets à supporter

En 2001, nous allions fêter les quarante années du parc, et, sous le choc émotionnel de mon expérience malgache, je lançai l'idée de faire un « Quarante ans ? Quarante Augustin, quarante projets communautaires dans quarante pays » ! Restait à les trouver. Ils étaient tous là, en vérité, ces anonymes amoureux d'une nature problématique pour leurs pauvres semblables, qui n'ont que leur abnégation et quelques sous pour aider leurs communautés délaissées par les pouvoirs et abandonnées par la géographie. Quelques mois de recherches et de contacts, agrémentés de quelques voyages sur trois continents, et en juin 2001, quarante ans après la création de notre zoo, je pus relever le défi que je m'étais fixé. J'avais réussi à localiser et à aider financièrement quarante passionnés de par le monde, partageant avec moi le désir de sauver une espèce qu'ils considéraient comme un patrimoine indispensable.

Parmi ces projets, il y en a un qui me tient toujours très à cœur. J'ai vécu à son rythme pendant dix ans, tant que les problèmes politiques du Sahel m'ont permis de le visiter régulièrement : celui des girafes du Niger (*Giraffa camelopardalis peralta*).

Une rencontre, à nouveau – mais cela ne devrait plus vous surprendre –, avec un aide-comptable de Niamey, qui, employé d'une ONG de développement néerlandaise, avait participé à l'élaboration d'un projet de conservation de ces animaux fondé sur le soutien aux villageois qui « supportaient » la présence de ces mammifères encombrants.

Financé durant quelques mois par l'Europe à une époque où l'on s'était ému de la diminution drastique de cette population de girafes, ce projet, qui avait avant tout abouti à la création d'une association de protection, n'attendait qu'un peu d'argent, le mien, pour être mis en route. Ces girafes d'Afrique de l'Ouest ont la particularité d'être les dernières représentantes d'une espèce qui, autrefois, peuplait le Sahel et le Sahara du lac Tchad au Sénégal. Malmenées par les changements du climat de la région et par la colonisation, elles ne se maintenaient plus que dans une zone peuplée de cultivateurs djermas et de bergers peuls, entre Gao et Niamey.

Ces interminables élégantes ont le pied blanc et la robe claire. Sur le ciel blanchi par le soleil au zénith, elles ne se font pas remarquer. Mais à la saison sèche, lorsque la brousse arborée n'a plus rien à leur proposer, elles se rapprochent des villages, et leur camouflage de lumière ne peut masquer leurs forfaits : les girafes affamées se délectent des haricots que les paysans laissent sécher dans les champs de mil, ainsi que des mangues cultivées autour des mares. Les villageois se vengeaient et quelquefois se remboursaient en tuant les ravageuses et en les mangeant, tant qu'à faire. En outre, la sécheresse s'éternisant durant les années 1980, beaucoup de girafes furent victimes de leurs vagabondages. D'autres finirent sous les balles de la rébellion touarègue. Il y a vingt ans, il en restait juste assez pour que l'espèce survive. À peine une cinquantaine parmi cent mille êtres humains, réparties entre le plateau de Kouré et la vallée du Dallol Bosso, au sud-est de la capitale du Niger.

Lors de ma première visite dans ce pays en avril 2001, Omer m'a accueilli avec une phrase aux allures de parabole : « Si tu veux sauver les girafes, il faut aider les hommes ! » Voilà pourquoi notre comptable de Niamey, cofondateur de l'Association pour la sauvegarde des girafes du Niger (ASGN), m'emmena un beau (et chaud) jour d'avril 2001 visiter les villages de la « zone girafes ».

Nous avons structuré l'association, engagé des animateurs, un chauffeur, nous avons motivé les guides touristiques en les équipant de bicyclettes et d'uniformes. Avec le soutien sans faille du président de l'association, personnalité reconnue au Niger en tant que président de l'Association nationale des droits de l'homme, nous avons prouvé au ministère de l'Environnement la force de notre motivation et sommes devenus ses interlocuteurs privilégiés pour la protection de ces animaux désormais emblèmes de leur pays.

Nous avons creusé et équipé les puits des villages de la « zone girafes ». Nous avons construit des greniers afin de soustraire à leur appétit les haricots récoltés, qui, d'ordinaire, sèchent à même le sol. Nous avons organisé les femmes en groupements pour leur distribuer des microcrédits et leur faciliter l'accès à des activités génératrices de revenus : petit commerce, élevage, cultures de contre-saison. Pour être efficaces, ces microcrédits sont répartis par des animateurs, salariés de l'ASGN, entre les quelque trois cents groupements opérationnels qui représentent les projets d'une cinquantaine de villages et aident concrètement trois mille quatre cents familles.

En 2014, cent vingt et un mille trois cents euros ont été ainsi distribués. Ces initiatives ont été financées par le Bioparc, aussi avons-nous dû imaginer des moyens de constituer une source de revenus pour là-bas. C'est la raison de la présence chaque été à Doué-la-Fontaine d'Omar et Dello, des artistes nigériens, sculpteur sur bois et bronzier qui travaillent devant nos visiteurs et aident ainsi, par la vente de leurs œuvres, leurs concitoyens vivant au contact des girafes.

Pourquoi ne me suis-je pas contenté de réintroduire des girafes au Niger, plutôt que de m'embêter à faire pousser des oignons entre deux cases ? s'étonna un jour Allain Bougrain-Dubourg. L'ami Allain savait que, chez moi, la girafe se reproduit vite et bien, et que Sacha, notre mâle, est le père de plusieurs dizaines de girafons « européens ». Malheureusement, appris-je à Allain Bougrain-Dubourg, nos girafes sont toutes issues de quelques individus récoltés à l'est du lac Tchad au début du XXe siècle. Elles sont les descendantes de celles qui avaient été capturées lors de la création du zoo de Vincennes, après le succès de l'Exposition coloniale. Le problème est que le Niger se trouve à l'ouest du Tchad. Une vaste région parcourue par une autre espèce de girafes… Et puis, avant de penser à les réintroduire, mieux vaut tout mettre en œuvre pour que celles qui en sont originaires puissent y survivre et même s'y multiplier !

Là n'était pas l'essentiel, de toute façon : ce qui me passionna dans la girafe du Niger, c'est avant tout qu'en intéressant les villageois à elle, nous pûmes améliorer la cohabitation et, de la sorte, sauver la population locale de l'espèce. Aujourd'hui, ce sont plus de quatre cents élégantes qui vont d'un arbuste à un autre sous l'œil bienveillant des villageois.

L'ours et Santa Catalina

Les lémuriens mangent des fruits, leurs intestins libèrent des graines, les graines se ramollissent, les lémuriens les expulsent en faisant leurs besoins, les graines entrent en terre, poussent, font des arbres, les arbres régulent le cycle de l'eau, et l'eau abreuve le riz qu'aiment les hommes.

Les girafes baguenaudent, les hommes se garantissent de leur appétit par des moyens qui les enrichissent, les femmes cultivent, élèvent et commercent, les villages profitent de la présence de ces animaux « porte-bonheur », les touristes reviennent voir les girafes et les villageois sont fiers de protéger celles-ci, leur pays abritant la dernière population de toute l'Afrique de l'Ouest.

Au Brésil, dans l'immense marais du Pantanal, c'est la population des aras hyacinthes qui a été sauvée par une biologiste brésilienne extraordinaire, Neiva Guédès. Non seulement ils étaient capturés pour le commerce des oiseaux de volière, mais les éleveurs détruisaient aussi les palmiers dont ils consomment les fruits, ainsi que les arbres creux où ils nichent, parce que ces arbres servent de refuge aux vampires, danger potentiel pour leurs bovins. De faux nids placés sur les troncs d'arbre, un renforcement de la protection et un écotourisme fondé sur cette espèce spectaculaire ont permis de multiplier par quatre sa population en quinze ans.

En Équateur, c'est l'un des primates les plus rares du monde – deux cent soixante individus vivants pour l'atèle à tête brune (*Ateles fusciceps fusciceps*) – que le chocolat produit par les communautés de la région d'Esmeraldas va permettre de sauver. Et pour la trentaine de spécimens captifs de cette espèce pour lesquels nous avions financé la création d'îles (comme à Doué) dans un centre de recueil de Guayaquil, ce fut la liberté à court terme, dans une forêt exploitée par un hôtel de luxe. Les descendants de la Sidonie qui accompagna mon adolescence en ont les bras ballants sur leur île douessine.

Au Pérou, c'est l'ours à lunettes (*Tremarctos ornatus*) qui me fait vivre une aventure au long cours. L'unique espèce du genre en Amérique du Sud commençait à se faire rare autour de la montagne sacrée de Chaparri, au nord-ouest du pays. De son cadavre, on peut faire beaucoup de choses fort profitables, et les riches chasseurs de Lima venaient le traquer dans cette région facile d'accès. Le Chaparri ? Une montagne couverte de cette si particulière forêt sèche du nord de l'Amérique du Sud, qu'animent de leurs battements d'ailes deux cents espèces d'oiseaux, pour la plupart endémiques. Heinz Plenge, ancien chasseur devenu photographe de renom – tout est question de nature de déclencheur –, avait décidé de sauver cette population d'ours concentrée autour de cette montagne dont la force spirituelle est reconnue de toutes les populations andines. Il proposa à la communauté indienne de Santa Catalina de Chongoyape de créer une réserve privée, la première réserve naturelle d'initiative populaire d'Amérique du Sud, afin de tenter de conjuguer développement local et préservation de la nature, fondatrice du caractère sacré de leur montagne. Une démarche qui ne me surprit pas, après les expériences vécues avec les panthères des neiges et les girafes quelque temps plus tôt. Il dut acheter une part de terrain pour devenir *communero*, « membre de la communauté », et entraîner son monde. En novembre 2000, c'est finalement quelque trente-quatre mille hectares qui furent protégés. Au centre, un refuge pour ours à lunettes maltraités a été mis en place. Quatre soigneurs s'en occupent, dans le but, plus tard, de relâcher les animaux ou leurs descendants dans la forêt.

Près de dix mille visiteurs sont guidés sur les pistes de la réserve chaque année, et un écolodge accueille les touristes avides de s'immerger totalement dans le monde de Chaparri. Un centre d'accueil reçoit et forme les représentants d'autres communautés sud-américaines désireuses de créer leur propre aire de conservation privée dans des pays où les mines et le pétrole chassent beaucoup de paysans de leurs terres. Une boutique a été construite à l'entrée de la réserve et l'association réinvestit les bénéfices du tourisme dans des projets communautaires.

Une des idées les plus innovantes de Heinz pour la motivation des populations locales était la « coupe de l'ours », tournoi de football organisé entre tous les villages de la zone. Elle était financée par une grande marque de bière locale qui a suspendu son soutien, et je cherche toujours le financement nécessaire pour l'organiser à nouveau. Malheureusement, lorsque j'ai participé à la première édition en 2001, les spectateurs, qui trouvaient que j'avais un vague air de Michel Platini, n'ont pas été convaincus par ma prestation...

Je me rends à Chaparri chaque année, j'y ai mes amis et mes habitudes. Et puis deux oursons nés au centre de recueil, Pierre et Élisa, sont partis il y a quelque temps vers la montagne enrichir la population locale de l'espèce...

Après quelques mois de soutien à ces projets, il m'a fallu faire un point pour envisager l'avenir.

Excité comme je l'étais par le succès de cette aventure et par les premiers résultats reçus de mes correspondants, j'ai eu envie de les faire connaître et de les présenter à mes collègues directeurs de zoos européens. Je décidai d'organiser, avec le soutien du conseil général de Maine-et-Loire et de la ville d'Angers, un « forum » pour les accueillir. Il me fallait quelqu'un pour l'organiser et Peggy Lavergne, à l'époque étudiante en communication scientifique, frappa à ma porte au bon moment. Elle devint mon assistante et nous fûmes, grâce à elle, le premier zoo français à avoir une employée dédiée à ce poste : chargée de la conservation. Il nous permet d'être à plein temps, chaque jour, avec nos correspondants sur place. Les forums, eux, se sont succédé à Angers et sont maintenant organisés tous les deux ans par l'EAZA. Coïncidence ou non, les zoos américains organisent aussi un congrès des projets de conservation bisannuel depuis 2003.

Ces projets fonctionnent, parfois si bien qu'ils prennent une ampleur démesurée : Antongil Conservation, l'association malgache, a par exemple obtenu du gouvernement malgache la gestion de la zone forestière de Farankaraïna. Mille six cents hectares de continuités écologiques entre littoral et montagne, de forêts humides parmi les plus rares de l'île. Six agents encadrent les neuf conseils villageois qui décident, légifèrent, gèrent et régulent les ressources que les hommes tirent de la forêt. Organisée désormais en zone de conservation intégrale (surveillée), en zone de reboisement (avec son pépiniériste), en zone de « droit d'usage » (régulée) et en zone écotouristique (avec campement, affûts d'observation et chemins de randonnée), la forêt est devenue une destination touristique qui profite à ses habitants.

En 2016, après des années d'étude de faisabilité, la forêt retrouvera une population de varis roux (*Varecia rubra*), l'un des vingt-cinq primates les plus rares du monde, éradiqués de cette forêt il y a environ soixante-dix ans, massacrés par la mafia du bois de rose dans le parc national de Masoala ces dernières années. De petits groupes familiaux isolés dans des lambeaux de forêt condamnés devraient être capturés pour être relâchés à Farankaraïna. Accessoirement l'un des plus gros lémuriens actuels, le vari est surtout le plus gros pollinisateur du monde, le seul animal malgache capable d'ouvrir la fleur de l'arbre du voyageur pour se régaler de son nectar et polliniser la fleur suivante en faisant de même : une espèce indispensable à la survie de l'emblématique « ravenala » des Malgaches.

Chaque année, nous organisons également un Festival du lémurien dans un des villages de la région, pour informer les populations locales. Deux animateurs parcourent la campagne pour sensibiliser les enfants des écoles, et tout cela à partir d'une mise de fonds somme toute très raisonnable. J'aime à le répéter, car la fierté que je ressens en permanence d'avoir pu lancer ou aider des initiatives qui, aujourd'hui, ont réellement changé la vie des hommes et des animaux se double parfois d'une certaine acrimonie pour des confrères qui hésitent à dédier un peu d'argent à la préservation *in situ*. Au mieux, c'est parce que, disent-ils, de petites sommes ne peuvent en aucun cas modifier le cours de choses immenses qui se passent bien loin de chez eux. La meilleure façon de ne pas décider, c'est de reporter la responsabilité de son indécision sur l'extérieur : si je ne fais rien, ou trop peu, c'est parce que ça ne servirait à rien eu égard à l'étendue des problèmes. Les petits gestes ne sont pas utiles pour sauver la planète, vous pensez bien. Et pourtant, démultipliés, ils ont un impact considérable. L'imprévisible effet boule de neige du petit colibri... Que certains constateraient s'ils se mettaient en tête qu'on peut faire beaucoup pour les animaux avec peu d'argent investi là où ils vivent.

Les jeunes repreneurs du parc animalier d'Auvergne d'Ardes-sur-Couzes l'ont compris, eux. Ils ont fait de leur parc un élément de nature en lien avec la nature originelle de leurs pensionnaires. Une passerelle, disent-ils. C'est le nom du fonds de dotation qu'ils ont créé et dont ils ont confié la présidence à un ancien international de rugby montferrandais : mon neveu Julien Pierre. S'il est né dans le second zoo que mon père a acheté et réaménagé aux Sables-d'Olonne, je pense qu'il a attrapé le virus de la conservation avec celui du paludisme lors d'un voyage que nous fîmes ensemble sur la piste des tigres de Sumatra, il y a quelques années...

LE SYNDROME DE KIKI

Comme chaque fois, on a parlé de nature à l'occasion de la COP21. On n'a même eu qu'elle à la bouche. L'expression, qui fâche tant elle a perdu de son sens : « C'est la réunion de la dernière chance », n'a pas été prononcée car tout le monde a tourné autour en faisant référence à la nature. Au fait que si nous ne faisons rien, elle se vengera en nous éliminant. En gros. Lorsqu'on assène, comme l'on fait tourner un moulin à prières, que nous avons consommé notre budget ressources naturelles dès le début de l'été, et qu'en conséquence nous, l'humanité, vivons à crédit, c'est dire de façon détournée que nous allons mourir d'avoir trop vécu de la nature. « Il nous faudrait cinq planètes de plus » pour continuer demain à vivre comme nous vivons, surtout si le reste de l'humanité se sort enfin de la pauvreté. Cinq, trois, on entend parfois dix : le chiffre compte peu, à vrai dire : il n'est qu'un indicateur, contestable comme tout indicateur, réducteur, médiatique ; il est le reflet de notre culpabilité générale. Celle d'avoir tellement abîmé la nature que nous allons finir par en mourir. L'homme est très vilain, ce qui le différencie des autres animaux. Sa culture est un poison qui fait de lui la pire espèce invasive depuis que la vie existe.

C'est quoi, la nature ?

Le débat sur la nature de l'homme et de l'animal remonte au moins à l'Antiquité grecque, je ne vous apprends rien. Je vais tenter un petit point de philosophie, très imparfait sans doute, mais que j'aime à rappeler tant il éclaire notre positionnement ambivalent d'aujourd'hui.

Bien avant que le scientifique britannique James Lovelock ne popularise son hypothèse d'une Terre pensée comme un être vivant, Gaïa, les philosophes « présocratiques » présentent déjà la mère des dieux, Gaïa, comme l'incarnation d'une nature nourricière, prodigue, par qui tout naît, disparaît et se renouvelle, dans un ordre immuable. Le Grand Tout ! Aristote estime ensuite que cet ordre répond à une finalité, ainsi qu'il le démontre chez les animaux : une patte servant à marcher, un nez à sentir, on peut supposer que les organes sont adaptés à leur fonction. Loin d'être un Grand Tout, la nature est pour lui l'enceinte où tout se transforme. Rien d'immuable, rien de déterminé à l'avance, car c'est le hasard qui commande, estime Épicure. Lequel invente la sobriété heureuse bien avant l'ami Pierre Rabhi, en défendant l'idée d'une vie sans excès comme seule à même de procurer du bonheur, la nature étant la norme du bien.

L'apparition de la religion catholique sera un vrai bouleversement car, en plaçant Dieu au-dessus de tout, elle relègue la nature à un objet créé, le Sien, qui a un début, la Genèse, et aura une fin, l'Apocalypse. Et surtout, un pasteur en la personne de l'homme, reconnu par Dieu comme Son représentant et donc, parce qu'il est différent de toutes les autres formes de vie qu'Il a créées, leur directeur. La grâce accordée à l'humain lui confère l'esprit, l'intelligence, c'est-à-dire la capacité à reconnaître Dieu. Comme les animaux en sont incapables, c'est qu'ils ne sont ni intelligents ni spirituels, ce qui prouve bien la supériorité de l'homme, et la boucle est bouclée... Sans remettre en cause la Providence, des hommes tels que Descartes montreront que la nature peut être et doit être un objet d'étude, de rationalisation, ce qui signifie que nous pouvons nous en détacher, nous extraire de notre position de domination, pour la regarder de près. Une conception pas vraiment rousseauiste : sans revendiquer, ce qu'on lui prête souvent à tort, un retour vers une sorte d'état originel mythifié, Jean-Jacques Rousseau aspire réellement à un retour de la nature dans l'homme afin qu'il en revienne à l'essentiel. Ce qui passe par le simple plaisir d'être dans la nature, de l'observer, sans chercher forcément une utilité pratique ou intellectuelle.

Mais la nature est un ogre, tout le monde le sait ! Et Darwin le démontrera : elle est le lieu de la compétition absolue, de la lutte de tous contre tous, et seules survivent les espèces les plus aptes à se reproduire. Et le pire est que tout cela se fait au hasard. Ni Dieu ni maître, ni guide ni dessein. Terrifiant ! L'homme se retrouve bien seul. Objet de science indépendant de tout, vivant d'elle-même, la nature se désincarne. Heidegger alerte tout de même sur le risque de tout perdre avec cette vision qui replace l'homme, *in fine*, comme espèce suprême disant ce que la nature doit être et ce qu'elle peut lui apporter. Allant encore plus loin dans la nécessité de « désinstrumentaliser » la nature, James Lovelock, le voilà enfin, élabore la théorie de Gaïa : la Terre est un être vivant global, façonné par la Vie, autonome, qui finira par chasser l'homme dès lors qu'il menacera son existence. Le conflit a commencé avec l'agriculture, il s'est accru avec l'industrialisation, il est devenu total au cours du XXe siècle. Le dérèglement climatique n'en est qu'une preuve parmi d'autres.

Protéger pour protéger

Cette théorie de Gaïa n'est pas fumeuse, mais elle me dérange, car elle semble redécouvrir la Providence. Dès lors qu'on estime que la Terre est un organisme unique et bienveillant, on réécrit Dieu, non ? Pourquoi ce concept plaît-il autant ? Parce qu'à l'évidence tout le monde y trouve son compte. Mais quoi ? Que voit-on dans Gaïa qui satisfait tant de gens ? Sans doute est-ce la maman qui donne la vie, ce Grand Tout immuable, organisé par des règles intangibles qu'il ne s'agit surtout pas de déranger. Ce que nous avons fait.

Cela dit, chacun de nous définit la nature comme il l'entend. Mais quand nous disons la Nature, avec un « n » majuscule, nous réunissons des choses très différentes auxquelles nous donnons une valeur globale considérable. « C'est la nature », entends-je souvent dans les allées du Bioparc. Qu'est-ce que cela veut dire ? La vie, la mort ? La prédation, le manque de chance de la proie ? La beauté, l'absence de contrôle ? Les réflexes, la vie qui va avec le temps ?

En fait, je crois que, derrière le mot « nature », l'homme voit ce qu'il n'a pas et ce qu'il n'est pas. Or nous vivons dans un monde dénaturé, car urbanisé, numérisé, virtualisé, déréalisé. C'est pourquoi les gens viennent nous voir. Pour retrouver un peu de ce qu'ils n'ont pas, de ce qu'ils n'ont souvent jamais eu, mais qu'inconsciemment ils recherchent. Des repères… naturels. Une « reconnexion ».

Mais un besoin de se reconnecter à quoi ?

J'en reviens à mon interrogation : qu'est-ce que la nature ? En reconnaissant que nous sommes allés trop loin dans notre exploitation des ressources naturelles, des animaux, de l'eau, de l'air, de tout, eh bien nous considérons la nature comme le référentiel ultime. Comme une norme : nous avons tort, parce que la nature a toujours raison. Il nous faut donc changer de vie, afin de nous soumettre à Elle et à ses lois. Une religion ? Je m'interroge. Car tous les défenseurs de l'écologie font référence à une éthique, à des obligations morales. Certains vont même jusqu'à dire que dame Nature est par essence sacrée, comme les vaches en Inde, comme les animaux de nos parcs zoologiques, comme les vaches, les poules et les lapins : il faudrait ne pas y toucher, ne pas les priver de leur liberté et, cela va sans dire, ne pas les manger.

Cette vision attire autant qu'elle fait peur. Un vrai bain de jouvence ! Mais quel bénéfice pour l'homme ? Des penseurs de l'écologie, citant Rousseau, défendent au contraire l'idée que la nature, *in fine*, n'existe plus, tant elle a été modifiée par l'homme. Qu'en conséquence, celui-ci se doit de maintenir ce qu'il a façonné afin que cela perdure. Après tout, les historiens considèrent qu'il n'y a plus un seul écosystème naturel en France depuis le XIVe siècle ! Et regardez nos paysages qui attirent tant de touristes : ce sont tous... des « agrosystèmes », des milieux que les hommes ont pris le temps de modifier afin qu'ils nous donnent le meilleur d'eux-mêmes sans trop altérer leurs fonctionnements. Les causses de mon Aveyron sont ce qui est resté après le défrichement des forêts qui a débuté à l'âge de bronze avec les éleveurs de moutons ! Et pourtant, c'est « naturel », dirait-on.

L'homme pourrait donc continuer de faire ce qu'il faisait, avant qu'il industrialise son geste ? Par exemple en protégeant et en montrant ce qui est menacé, en s'inspirant de ce qui « marche » dans la nature, en respectant au mieux les limites que la nature lui fixe, bref, en mettant de la nature en lui. Une autre dialectique qui démontre que nous – notre civilisation – sommes au milieu d'une rivière qui déborde : qu'allons-nous faire ? Nous hâter lentement vers la rive d'en face, ou revenir à toute vitesse vers celle d'où nous venons ? Allons-nous faire comme si de rien n'était, continuer comme avant, ou bien allons-nous changer de modèle (mais lequel) ? Allons-nous protéger la nature, les animaux, pour faire pénitence, parce qu'elle a toujours raison, ou bien allons-nous continuer de transformer la nature pour notre bien-être, en faisant peut-être plus attention ?

Une formidable capacité à aller mieux

Ma position est simple. La nature est, selon moi, une matrice fantastique, un lieu de naissance, de création, qui, dès lors qu'on lui fiche la paix, sait très vite reprendre le dessus. Je vais peut-être vous choquer, mais quand des Chinois paient les mafias malgaches pour s'approvisionner en bois de rose dans les parcs nationaux, il n'y a plus de bois de rose, certes, mais une fois que les coupeurs sont partis, il repousse sur les souches. Alors que les animaux que les bûcherons tuent pour se nourrir auront peu de chances de revenir.

Ce que je veux dire, c'est que l'inertie de la nature, de son fonctionnement, fait qu'elle a une capacité de résistance, de « résilience » comme on dit aujourd'hui, que nous avons du mal à imaginer. Ce n'est pas évident de prime abord, car à l'échelle de la vie humaine, et si l'on regarde le dernier demi-siècle, on voit plutôt une nature qui peine à supporter les pressions que nous lui faisons subir. Aussitôt que ces pressions diminuent pourtant, on voit la végétation reprendre le dessus et, plus lentement, la faune. Chacun son rythme.

On peut appeler cela l'effet « jachère » : partout en France, les terres abandonnées à la suite de la déprise agricole se sont en quelques années couvertes d'une végétation qui en fait aujourd'hui, ici et là, des refuges pour la biodiversité. De même sur les zones de servitude des infrastructures linéaires que sont les voies de chemin de fer, les autoroutes, ou sous les lignes à très haute tension : comme l'homme n'a pas le droit d'y mettre le pied, tout ce qui peine à survivre entre un parking, un lotissement, une rocade et un champ de maïs se réfugie dans ces véritables corridors écologiques. Une sorte d'effet refuge tel que celui décrit il y a déjà longtemps par les océanographes dans le parc national de Port-Cros : l'interdiction de la pêche, de la chasse, de l'ancrage, du déversement de déchets a fait que les poissons rares partout ailleurs sont venus se réfugier autour de l'île, ont reconstitué leurs peuplements, leurs structures démographiques, et, après une dizaine d'années, ont commencé à sortir pour fuir la surpopulation, avant de finir dans les filets des pêcheurs. Et tout le monde est aujourd'hui très content. Sur la Côte d'Azur d'ailleurs, la réglementation et, j'espère, l'acculturation ont fait que l'on trouve désormais à quelques mètres du rivage la grande nacre, la posidonie, les gorgones, alors qu'il y a dix ans il fallait plonger en bouteille pour les voir.

Partout où l'homme se tait, la nature reprend possession du territoire. Les camps militaires étaient déjà des zoos naturels pour la biodiversité, car la pression humaine y était très faible. Depuis qu'ils ont été abandonnés, ce sont de véritables réserves. De même, étrangement, que les zones démilitarisées telles que la frontière entre les deux Corées ou les zones déshumanisées comme Tchernobyl : faune et flore y sont exubérantes, alors que tout a subi une irradiation massive. Regardez Monsanto : pourquoi ne l'aime-t-on pas ? Parce que cette firme géante vend des herbicides. Et pourquoi vend-elle toujours autant d'herbicides censés détruire les « mauvaises » herbes ? Parce que celles-ci résistent et que surtout, aussitôt que l'agriculteur pulvérise moins, elles reviennent.

C'est quand même un formidable espoir ! Même si la nature, force est de le constater, ne va pas bien en ce moment. Elle est presque partout délabrée.

Un besoin irrépressible de retrouver sa nature

Comment faire pour que ça change ? Je ne peux réfléchir qu'à l'échelle de l'animal. Alors je pense que ce n'est pas à lui d'avoir une place dans la civilisation, mais que c'est à l'homme d'en retrouver une dans la nature. Serais-je rousseauiste ? Épicurien ? Adepte de la théorie de Gaïa ? Je ne sais pas et ne veux pas le savoir, je n'étais pas une bête en philo au lycée, je ne suis pas structuré, j'ai tout appris sur le terrain, au contact des animaux, et surtout des hommes qui ont des contacts avec eux. L'instinct m'a toujours guidé. Alors, comme saint Thomas, je crois à ce que je vois. Mais je n'en fais pas une religion, contrairement au dominicain.

Et ce que je vois chez nos visiteurs, c'est un émerveillement qui ne s'atténue pas. Plus d'un demi-siècle que cela dure. Après tout, Disney continue d'exister en utilisant toujours les mêmes recettes : l'animal idéalisé parce qu'il rappelle nos doudous de l'enfance. L'animal rond, aux formes douces, à qui on peut facilement prêter de bons sentiments humains, auquel on peut s'identifier. Quand j'y pense, je me dis que rien n'a changé depuis la plus haute antiquité : on aime des animaux pas forcément parce qu'ils sont gentils, mais parce qu'on peut leur accoler une qualité : le lion est majestueux, le tigre est puissant (et ce n'est jamais qu'un très gros chat !), le serpent est perfide, le renard est futé, etc. Triste sort pour ceux qui n'évoquent rien ! C'est pire que de susciter la peur. Le ver de terre laisse indifférent alors qu'il est fondamental pour notre agriculture. Le blaireau a toujours été considéré comme nuisible, alors qu'il est aussi beau qu'un renard polaire. Mais c'est un mal-aimé, d'ailleurs son nom…

Dans notre passion pour les animaux, il y a, je pense, beaucoup de culture collective, qui puise à des émotions fondamentales : celles de notre nature animale, peut-être aussi de notre passé très lointain de chasseurs, de carnivores ? Peut-être cela expliquerait-il l'étrange fascination que nous avons pour les singes. Et ma pudeur : je ne veux pas de chimpanzés ni de gorilles à Doué, car je ne me sens pas capable de regarder vivre derrière une grille ces animaux qui me rappellent tant d'où nous venons tous.

Ce besoin de nature s'exprime donc avec toutes les espèces ultra-médiatisées que sont le panda, le koala, l'ara bleu (Rio !), l'ours, le lion, la girafe, le dauphin, le poisson clown (Némo…). Les voir en « vrai » permet au public de s'approprier ce qui a été idéalisé par notre histoire et un tantinet de marketing. Le succès considérable de l'arrivée des pandas au zoo de Beauval le prouve : en lui-même, l'animal n'a rien de passionnant, car il ne fait pas grand-chose de ses journées, à part manger. Mais il a une tête rigolote, il est rond, ressemble à un doudou, à un gros bébé, et en plus il a le bon goût d'être l'emblème du WWF et un objet diplomatique de choix. Peu importe, en vérité, car quels que soient l'espèce et le zoo, force est de constater que la capacité d'émerveillement n'a pas été atténuée par la société. En dépit de notre vie difficile dans un environnement aussi dénaturalisé que déshumanisé, nous regardons toujours les animaux avec des yeux d'enfant. Ouf...

Même moi ! J'ai passé ma vie avec les bêtes, et pourtant, l'autre jour à la pointe du Raz, je suis resté fasciné, ému, interloqué, amusé par un couple de chardonnerets si proche. Tout cela me fait dire que la société ne peut pas être en décadence avec une telle capacité à s'émouvoir d'un rien de nature. Parce que l'homme reste ce qu'il est : un être de nature. Un animal. Qui a un besoin quasi génétique de nature, amplifié par la perte des repères naturels.

Accepter notre animalité...

Je ne suis tout de même pas naïf. L'engouement pour les zoos, pour une nature quoi qu'on en dise servie sur un plateau, parfois marketée, médiatisée, disneyisée, n'est que le reflet d'une déconnexion générale entre la société et la nature. Tout particulièrement chez les jeunes. Beaucoup de gamins pensent qu'un poisson, c'est carré avec de la panure, qu'un poireau n'existe que coupé en morceaux, et que les produits laitiers n'ont rien à voir avec une vache. Cette réalité est sans doute renforcée par l'existence des zoos qui, d'une certaine façon, entérinent l'idée que la nature, c'est forcément derrière des grillages, à la campagne ou au bout du monde. Pourquoi serait-elle dans l'assiette ? Difficile, il est vrai, de retrouver viande et légumes dans un produit tout préparé qu'il suffit de mettre au micro-ondes. Difficile d'imaginer que, derrière le filet, il y a le poisson. Il y a un siècle, la majorité de la population, étant rurale, vivait avec la nature, avec des animaux domestiques, elle était confrontée à la mort qui faisait partie de la vie de tous les jours. C'est ce monde-là que mon père a connu, enfant, et que j'ai connu aussi. Un monde qui a disparu avec l'urbanisation.

Aujourd'hui, que voit du monde réel un enfant des villes ? À part quelques arbres et des moineaux qu'il ne regarde pas ? Des chiens, des chats.

Historiquement, et jusqu'au milieu du siècle précédent, l'homme était rural et vivait par l'animal. C'étaient la vache, la poule, le cochon, le cheval, le chien, le chat qui lui procuraient de la nourriture, des habits, de l'engrais, de l'affection, des revenus, du réconfort. C'était aussi le gibier. C'était la mort, celle du chien qu'on enterrait dans le jardin, du cochon qu'on égorgeait, de la vache qu'on laissait partir à l'abattoir, en tournant le dos.

Ce monde a disparu. Même à la campagne. Aujourd'hui, le Français est urbain. Il revendique en permanence des liens familiaux avec la campagne, il passe ses vacances en gîte rural, mais tout cela relève du fantasme paysan. Les généalogistes disent que les racines paysannes des urbains sont de plus en plus ténues. Cela se voit, à mon sens, à l'ambiguïté de nos rapports avec le monde agricole : nous le détestons, car nous l'accusons de tous les maux (pollution, destruction des paysages, érosion des terres, maltraitance animale, etc.), et en même temps nous l'adorons pour ces « petits produits » que nous achetons sur des « petits marchés », à travers ces produits industriels qui fleurent bon la mythologie rurale, ces émissions de télé et tous ces clichés de la ferme propre, de champs fleuris, de chemins bien entretenus et de vaches et de moutons affectueux. Que le paysan souffre de son image, que l'éleveur meure de son métier, que le loup vienne déranger le chromo à la Heidi des paysages montagnards nous importent finalement assez peu. Dans notre imaginaire, l'agriculteur ne peut avoir qu'un rôle de gardien de la nature, de jardinier des paysages, pour entretenir la carte postale dont il est le premier acteur.

Dans cette pseudo-harmonie qui n'existe pourtant ni dans la nature, ni dans la forêt vierge, tout ce qui fait tache est chassé. Et, au premier chef, les chasseurs.

Je ne le suis pas, ne le serai jamais, mais je me demande souvent pourquoi ils suscitent parfois une telle haine. Et réciproquement, pour les chasseurs, certains « écolos ». Par exemple, celle que subit mon copain Allain Bougrain-Dubourg chaque année dans les Landes quand il va manifester contre le piégeage des ortolans. Une fois, je lui ai demandé de l'accompagner. « Mais tu es fou, tu ne te rends pas compte de ce que c'est, tu vas prendre des coups ! » Et je n'y suis pas allé. Il y a des extrémistes parmi les chasseurs, mais il y a aussi parmi eux des naturalistes, d'excellents connaisseurs de la nature. Que leur reproche-t-on, en vérité ?

Je crois qu'il y a une lutte d'influence sur la nature. Chasseurs contre promeneurs, tireurs contre observateurs. Chacun défend son territoire. C'est finalement assez naturel. En définitive, tout le monde revendique sa part de sauvagerie. Les chasseurs la réclament de façon plus brutale que les autres, et c'est sans doute ce qu'on leur reproche vraiment. Dans notre société où la mort a quitté le champ du vivant, où l'on débat sans arrêt sur la fin de vie – comme si la vie, étant sacrée, ne nous appartenait plus mais relevait de la société –, où l'on incinère comme si l'on voulait définitivement chasser la mort par une technicité froide, où l'on a presque honte de manger une andouillette, où la mort brutale est inacceptable, où les rapports sociaux sont normalisés, où la nourriture est débarrassée de toute naturalité par des processus industriels et des emballages menteurs, le chasseur, lui, donne la mort et le revendique. C'est-à-dire qu'il n'a pas peur de se laisser de temps en temps absorber par sa part d'animalité. Il ne se cache pas de sa nature prédatrice, carnivore. N'est-il donc pas le reflet de tout ce que nous avons perdu en notre for intérieur ?

... pour retrouver notre humanité...

Ce que nous avons perdu et ce que nos visiteurs viennent chercher, en tout cas ce que moi je n'ai jamais abandonné au contact des animaux, c'est notre humanité. Qui n'est jamais que l'animalité avec une grosse couche de culture. Est-on humain si l'on ne reconnaît pas sa part d'animalité ? Je ne le pense pas. Toutes les sociétés humaines vivent avec les animaux. Regardez les abris-sous-roche : leurs parois sont couvertes de représentations animales. La lettre A ? C'est *a priori* la stylisation des cornes de l'aurochs, animal divinisé par ceux qui ont inventé l'écriture. Des préhistoriens écrivent que la consommation de viande a sans doute aidé le développement du cerveau, qui est le plus gros consommateur d'énergie de l'organisme. Ils avancent aussi l'hypothèse que la chasse a fait émerger la civilisation humaine car elle implique, chez des êtres aussi frêles que nous, une organisation sociale et une inventivité technique particulières. D'ailleurs, ce n'est que tardivement dans la préhistoire que l'homme est devenu réellement chasseur : les derniers *Homo erectus* et les premiers Néandertaliens. Quand nous avons acquis la culture nécessaire à la compensation de notre physique ridicule. Les spécialistes de la domestication expliquent que si le premier animal de compagnie a été le chien, c'est parce que nos ancêtres côtoyaient en permanence le loup : partageant des organisations sociales comparables, on peut en effet imaginer les hommes préhistoriques suivant de près les loups en chasse, pour s'inspirer de leurs techniques, et les loups suivant les hommes pour leur piquer leurs proies. Les deux se sont copiés. L'apprivoisement de louveteaux a pu faire le reste. Cela expliquerait notre rapport ambigu avec le canidé, sexuellement symbolisé dans le Petit Chaperon rouge. Le loup nous rappelle qui nous étions, cette immense proximité avec le sauvage dont l'ère néolithique nous a fait sortir. Il faut lire les contes, qui sont à peu près tous les mêmes dans toutes les sociétés !

Ainsi, pour employer un grand mot très galvaudé, il y a un besoin de « communion » avec la nature. Des sociologues disent que c'est ce qui explique l'étonnant renouveau de la chasse à courre : l'urbain malheureux retrouverait dans une nature idéalisée le lien perdu avec l'animal et la mort. Ce serait même une sorte de liturgie, une messe laïque, païenne, où l'on ferait couler le sang pour se laver des tourments de la vie d'aujourd'hui et boire à nouveau sa part d'animalité. Grâce à une nature, symboliquement circonscrite à une forêt, qui serait ainsi assimilée à un temple qu'il ne s'agirait pas de profaner par une quelconque activité autre que la chasse, noble.

... sans tomber dans la sentimentalité

Cette communion est parfois caricaturale. J'appelle cela le « syndrome de kiki ». Le fameux : « Ah, mon kiki, tu vas bien aujourd'hui ? » que j'entends de temps en temps dans les allées du parc. J'ai du mal avec cela. Avec l'anthropomorphisme en général, parce qu'il annihile la distance entre l'homme et l'animal et idéalise la nature, ce qui aboutit au contraire à éloigner l'homme de l'animal tel qu'il est. Je peux comprendre ce travers, mais je ne l'accepte pas chez mes collaborateurs, qui sont recrutés notamment parce qu'ils mettent la bonne distance avec les animaux dont ils ont la charge – et ils doivent la garder. Oui, je déplore qu'on humanise les animaux, sous prétexte de les mieux aimer, car je pense qu'on ne peut respecter que ce qu'on nomme, pas ce que l'on cache. Or, en souhaitant l'anniversaire d'une girafe ou en étant fan d'un ours à lunettes, parce qu'il est « mignon », ce n'est pas l'animal qu'on aime, mais ce qu'il nous renvoie. Sans faire de psychologie de comptoir, je pense qu'il n'est pas plus sain de se servir de l'animal pour mieux vivre que de s'engager dans une association humanitaire pour canaliser sa peur de tomber dans la pauvreté.

Je me souviens de Marc Ancrenaz, qui consacre sa vie aux orangs-outans, en Malaisie. Il m'évoqua un jour le souvenir pénible d'une femme européenne qui l'avait rejoint après le décès de son fils. Ce fut une catastrophe car cette femme, transférant sur des bébés singes – si semblables aux nôtres que c'en est troublant – son amour qui était devenu une plaie, n'a pu supporter de se contenter de les regarder de très loin (les orangs-outans aiment la discrétion). Ni de voir que les habitants n'avaient pas du tout la même attitude vis-à-vis de ces singes si humains, qu'ils ne pensaient qu'à tuer lorsqu'ils dévastaient leurs champs et leur nourriture. Un choc affectif qui révèle que l'on fait porter à l'autre, à l'animal, beaucoup de soi-même. L'animal n'a pas besoin de ça : il est ce qu'il est, et c'est déjà bien suffisant.

Voilà pourquoi je n'aime pas qu'on souhaite l'anniversaire de nos animaux. Avec une raison supplémentaire, essentielle, car elle est la raison d'être de nos établissements depuis la création des programmes d'élevage : l'animal ne compte pas en tant que tel, mais en tant que représentant de son espèce. Le cas particulier d'un individu ne doit pas masquer la situation de son espèce. Or, en s'attachant, on ne voit plus que lui, et l'on finit par oublier pourquoi nous, professionnels des zoos, sommes là : pour préserver les espèces, leurs milieux de vie, et les gens qui vivent avec. Pour en montrer la réalité à nos visiteurs, présenter les animaux tels qu'ils sont, en particulier aux enfants qui, sinon, risqueraient de ne connaître du monde que ce que la télé leur donne à voir.

Malgré tout, je ferai une exception. Pour Sacha, notre mâle girafe : il aura trente ans en 2017 et, plus que son anniversaire, c'est l'engagement du Bioparc pour les girafes au Niger ainsi que le succès de leur élevage à Doué que nous fêterons à cette occasion.

Quand il y aura des insectes sur le pare-brise

Je suis un optimiste inquiet. Je vois de moins en moins de moineaux, car il y a de moins en moins d'insectes dans nos campagnes. Sauf chez moi : quand je tombe du lit très tôt le matin, dans mon jardin, le chant des oiseaux couvre celui de la route, pourtant très proche. L'effet refuge, l'exception qui confirme la règle. Lorsque je prends l'auto, je regarde toujours mon pare-brise. Il y a dix ans, quand je roulais, même un peu, il me fallait utiliser le lave-glace. Aujourd'hui, jamais. Et vous, sur l'autoroute, vous avez souvent besoin de nettoyer votre pare-brise ? Non ! Car il n'y a plus beaucoup d'insectes pour s'écraser dessus. Constat déprimant, ne trouvez-vous pas ? Pour autant, je refuse les discours alarmistes, car je m'en méfie. Que cachent-ils ? Quel besoin y a-t-il d'enlaidir une situation déjà pas bien gaie ? Pourquoi terrifier le public, l'étouffer sous un discours sans espoir qui ne peut que l'amener à se dire : « Puisque tout va disparaître, à quoi bon faire des efforts » ? Ça ne sert à rien. Nul n'a envie d'apprendre que le monde va s'écrouler, surtout si c'est sa faute. Ça ne sert aux tenants de ce discours qu'à se maintenir solidement dans une posture, non de lanceurs d'alerte mais de prédicateurs de l'apocalypse. Et puis un tel pessimisme affiché me paraît misanthrope, dans la mesure où il place la nature au-dessus de tout et considère l'homme comme un cancer. Or, la nature fait partie de l'homme comme l'homme fait partie de celle-ci. La nature et l'homme. La nature, dont l'homme.

Une nature qui nous réserve encore des surprises : chaque année, grâce aux pièges photographiques numériques, on découvre des espèces nouvelles et d'autres que l'on pensait disparues. En février 2015, ce sont trois espèces de lézards qu'on a identifiées entre la Bolivie et le Panamá. Qui l'aurait cru ? Personne !

Mais je ne suis pas naïf. J'ai bien vu que les choses peuvent changer facilement, avec le temps, mais je ne les vois pas changer assez souvent. Les pressions que nous exerçons sur la nature sont à peine allégées, et il n'y a manifestement pas de volonté politique pour que cela évolue dans le bon sens. La prise de conscience est lente, le message est passé, et des émissions de télé telles qu'*Une journée au zoo* ou le succès médiatique de quelques-uns de nos établissements ne peuvent que faciliter son infusion dans le plus grand public. Alors pourquoi les politiques sont-ils à ce point en retard ? Pourquoi me donnent-ils l'impression d'avoir baissé les bras, d'être si peu concernés par la nécessité d'avoir une vue à long terme ? Ce qui m'étonne toujours, c'est qu'on ne se prépare jamais à la prochaine menace, alors qu'elle est déjà là, multiple : l'érosion de la biodiversité est bien réelle ! Cent quatre-vingt-seize États sont parvenus à un accord lors de la COP21. À quand la même chose sur la biodiversité ? À quand, en France, un débat aussi calme, serein, sur le loup ? En Espagne, l'animal ne pose pas plus de problèmes qu'en Italie. Chez nos voisins pyrénéens, il y a en ce moment un débat national sur le lynx ibérique, dans lequel tout le monde est impliqué. Chez nous, le loup cristallise notre manichéisme, il n'intéresse que parce qu'il permet aux deux camps de prendre des postures de « pro » ou de « contre ». En attendant, le loup continue de tuer parfois des brebis, et les éleveurs continuent de quitter le métier. Le loup devrait pourtant être le sujet fédérateur par excellence, car il symbolise la complexité du lien entre l'homme et la nature, l'indispensable vie commune de deux espèces qui ne peuvent pas faire autrement que de vivre ensemble, sauf à perdre, en ce qui nous concerne, une part de notre humanité.

Cela me perturbe car je passe mon temps à développer à l'étranger des projets dont le but est justement d'apaiser les relations entre humanité et « sauvagerie ». Pourquoi est-ce si difficile chez nous ? Ici, en dépit du Grenelle, de ministres parfois brillants, de réelles avancées dans beaucoup de domaines, j'ai du mal à comprendre pourquoi les choses sont si compliquées.

Mon boulot, celui de notre équipe et de mes collègues, c'est de continuer à démontrer l'intimité des liens existant entre l'homme et l'animal. À pousser le public à s'investir mentalement dans cette évidence. À comprendre à quel point c'est la même chose partout : la biodiversité est dévastée partout dans le monde à cause d'une identique compétition pour l'espace, d'un besoin d'usage des sols différent. La chasse fut le problème central il y a longtemps. Aujourd'hui, c'est bien l'étalement urbain ou agricole. C'est finalement le seul message que j'adresse aux politiques : il faut en finir avec le tout-agriculture intensive et l'étalement urbain, qui détruisent les paysages ! Le corollaire étant qu'il faut vraiment replanter des haies, laisser vivre les zones humides, diversifier les cultures, laisser des friches, ce qui ne pourra se faire sans réelle volonté politique. En fait, je me rends compte que la question de la biodiversité, qui peut paraître si lointaine aux électeurs apeurés par l'avenir, est très politique, car elle interroge l'utilisation que nous faisons de nos territoires, c'est-à-dire la façon dont nous les gérons. En France comme ailleurs, les classes moyennes ont les moyens d'avoir besoin de nature. Les autres, pauvres en majorité, la voient comme une contrainte ou, au mieux, un problème de riches. Alors que c'est tout le contraire : mon expérience internationale me démontre chaque jour qu'un meilleur usage de la nature, qu'une vision moins conflictuelle du monde animal rendent la vie meilleure parce que cela améliore les conditions d'existence et le pouvoir d'achat. D'ailleurs, quel est le loisir le plus prisé des Français, après le foot ? La chasse.

Qu'est-ce qui reste dans les campagnes désertées quand il n'y a plus la poste et la boucherie ? L'association de chasse. Démonstration que la nature est le lien social essentiel, que l'on se rappelle quand on n'a plus rien. Oui, décidément, l'animal est une créature politique.

LA FABLE DE DOUÉ-LA-FONTAINE

Je viens de perdre mes parents à deux ans d'intervalle, et moi qui ai vécu sans vraiment voir passer le temps, tellement cette passion pour la nature m'a entraîné, poussé, guidé, j'ai l'impression de me réveiller à... soixante-quatre ans, avec une coupe de cheveux un peu folle qui ne me semble plus adaptée à mon statut de « dos argenté », comme on le dit des gorilles adultes. J'ai pratiquement passé le témoin à mon fils, François. C'était ma volonté de le laisser libre de diriger le parc à son tour sans être dans ses pattes. Pas toujours facile... et je repense alors à mon père, pour qui ce fut très compliqué !

Laisser s'effilocher le cordon avec ce zoo qui est un peu moi, un peu mon père, un héritage familial qui ne doit pas étouffer celui qui est en train de le reprendre, tout comme je le repris il y a quelques années. Trois générations de Gay, dont l'une, la dernière, se saisit des rênes. Deux générations d'avant – il faut bien que je commence à m'inscrire dans le passé –, deux générations de scénographie animale, deux passages au stade adulte. À la maturité. Pour mon père, le zoo a été une façon de s'émanciper de son passé. Pour moi, ce que j'en ai fait a été une manière de me libérer de l'emprise du mien. Pour mon père et pour moi, le passage à l'âge adulte fut possible une fois que nous eûmes fait nos preuves devant le jugement de nos géniteurs. Pour mon fils, ce sera plus simple. Les rapports entre père et fils ont évolué ! Et le zoo, demain, sera différent. Parce que l'époque a changé et que le zoo sera – et est déjà – le reflet de la personnalité de François. Et si j'ai peur de perdre mon âme en étant moins présent, parce que ce zoo est le rêve dessiné que j'ai fait chaque soir quand je m'en occupais pleinement, eh bien, je ferai autre chose. Parler aux visiteurs, leur raconter notre odyssée et notre passion familiale, ou écrire ce livre, par exemple. Mon seul pouvoir, aujourd'hui, c'est de transmettre à tous ce que j'ai fait durant toute ma vie. Et d'imaginer l'avenir des zoos, dans un monde idéal où il suffirait de rêver pour réaliser.

Un paysagiste au zoo

François est né en 1974 et, comme moi, il a grandi parmi les animaux « sauvages ». Sa première compagne d'enfance fut une femelle chimpanzé, Zazie, qui ne fut pas pour rien dans sa découverte et sa maîtrise de la bipédie. On est quand même une famille bizarre, vous ne trouvez pas ? François aimait aussi beaucoup s'approcher des zèbres et des girafes. Est-ce que je n'ai pas brimé son développement propre en donnant comme décor à son enfance un livre d'images géant peuplé d'animaux vivants sans risques ? Le jardin de sa maison était un royaume peuplé d'animaux gentils, dont il était l'héritier. On peut faire difficilement plus épanouissant et, en même temps, le risque était que ce soit un peu étouffant, car quand on a tout, comment s'intéresser à autre chose ?

François a, je crois, toujours eu l'intention de travailler au zoo. Quand il est allé vivre avec sa mère dans la région parisienne, même s'il s'est alors un peu éloigné de moi, il a gardé cette volonté, et je me souviens qu'adolescent, il aimait nous accompagner, mon père et moi, lors de la création de nouveaux enclos, pour nous soumettre ses idées. Lorsqu'il a décidé, après le bac, de faire les Beaux-Arts, c'était une façon pour lui de prendre de la hauteur, de mettre sa vie d'« héritier » en perspective. Dessiner, comme écrire ou jouer de la musique, c'est une introspection. Un travail avec soi-même, qui puise dans sa sensibilité, sa mémoire, ses affects, son âme. Ainsi a-t-il pu se trouver, forger son identité en se débarrassant de celle de la famille. Et, tout naturellement, se spécialiser dans l'art tridimensionnel du paysage, à l'école du paysage de Blois. Inscrire dans l'espace, en volume, ce que l'on a écrit après l'avoir pensé. En 2003, François devient ingénieur paysagiste et intègre l'équipe du zoo. J'avais envie pour lui qu'il arrive avec un projet, et non pas comme le fils du patron, qu'il puisse mettre à profit ce qu'il avait appris.

Avec, par exemple, les quatre hectares de terrain jouxtant le zoo que j'avais pu acheter à mes voisins, dans l'idée de développer deux projets : l'accueil d'une espèce de grands mammifères ainsi qu'une volière géante pour nos oiseaux sud-américains.

Des grands travaux pour les rhinos

Concrètement, l'arrivée de François fut présidentielle, car elle s'est traduite par une politique de grands travaux.

Je vous l'ai dit, il nous fallait un grand mammifère pour compléter notre collection. Avec mon adjoint de l'époque, le vétérinaire Brice Lefaux, j'optai pour le rhinocéros noir (*Diceros bicornis*), moins facile en captivité, mais dont les populations sauvages étaient réduites à la portion congrue : trois cent cinquante individus pour la sous-espèce d'Afrique de l'Est, la seule de rhino noir présente en captivité et gérée par un EEP. Brice négocia la possibilité de le recevoir avec le coordinateur du programme, et l'on s'engagea à nous confier deux mâles, pour commencer. C'est la règle pour tous les EEP : on « teste » d'abord vos capacités avec les animaux les moins précieux. François put ainsi engager les travaux de la vallée des rhinocéros, trois hectares creusés en 2005 dans la terre et la roche, animés de pics et de tables de falun, de marais et de bauges pour des rhinocéros noirs, mais aussi de gazelles damas, d'oies de Gambie et d'Égypte, et de pintades de Numidie. Histoire d'être cohérent !

Une troublante réussite, car j'ai toujours l'impression, en la regardant, cette vallée, d'être quelque part en Afrique de l'Est avec mon pote Michel Denis-Huot, tant « ça y ressemble » ! En fin de journée, lorsque la lumière rasante vient colorer la roche, les rhinocéros apparaissent tels qu'ils sont là-bas : des mastodontes étranges qui ont le temps pour eux, dont la lenteur s'imprime sur le monde. Leur masse semble ralentir la planète et commander au soleil. Leur corne, qui leur confère un aspect quelque peu préhistorique, en fait des animaux gardiens de l'essentiel, du lien avec l'immuabilité des cycles de la vie. Une tonne trois cents de légèreté et de nonchalance.

Gardiens du temps, oui. Tiens, une anecdote me vient. Ne vous ai-je pas déjà dit que j'ai converti toute la famille à la recherche des fossiles ? Non, peut-être pas. Par contre, vous savez que j'ai passé ma jeunesse à gratter le falun pour en arracher des vestiges. Eh bien, lorsque l'on a creusé les fondations de l'abri de nos rhinos, devinez ce qu'a découvert ma fille Julie ? Une molaire de rhinocéros ! À l'époque du miocène (il y a 5 à 23 millions d'années environ), quatre espèces arpentaient la région de Doué-la-Fontaine ! Si surprenant que cela puisse paraître, ces très paisibles animaux appartiennent en vérité à la famille de grands mammifères qui a connu la plus grande diversité sur notre planète.

Une volière comme un cirque

Deux ans après la mise en place de cette illusion, c'est dans un parc adapté à leur confort que nous accueillîmes, non sans fierté, des loutres géantes d'Amazonie (*Pteronura brasiliensis*), en accord avec le gouvernement colombien. Juste retour des choses, après que nous eûmes aidé financièrement le zoo de Cali à élever avec succès onze loutrons, dans le cadre d'un de nos quarante projets. Cette importation relança d'ailleurs l'EEP pour cette espèce, qui ne comportait plus qu'un mâle capable de se reproduire en Europe. Et quel animal, regardez-le ! Un prédateur ondoyant, qui se déplace tout en courbes, épousant celles des roches et de l'eau afin de se faire le plus furtif possible ; une sorte de chat et de serpent qui attrape ses proies sans presque jamais les louper. L'esprit des eaux, pour les Indiens d'Amazonie : à regarder la loutre géante se déplacer, on ne peut qu'y croire, tant elle fait corps avec le liquide. Un succès pour nous car, bien sûr, nos loutres se sont reproduites à Doué et la population européenne a maintenant atteint le nombre de soixante-dix individus, pour la descendance desquels nous recherchons de nouveaux parcs capables d'accueillir l'espèce.

Troisième étape de Doué nouvelle génération : le camp des girafes. Inauguré en 2006 avec l'idée de partager notre passion pour ces animaux, il offre au visiteur le plaisir de déjeuner face à ces grandes bêtes…

Il était temps de se remettre à l'ouvrage sur la grande volière. Quatrième étape. Par souci pratique, les travaux d'excavation du falun avaient dû être réalisés en même temps que ceux pour les rhinocéros. Restait à imaginer comment couvrir cette carrière d'un hectare d'un épais filet ; ce n'était pas une mince affaire et, surtout, il fallait trouver quelqu'un capable de s'en charger.

C'est au zoo de Lisbonne que nous découvrîmes l'oiseau rare, ou plutôt la nichée d'oiseaux, sous la forme d'une famille de trapézistes américano-chiliens à la tête de laquelle se trouvait Alicia, trapéziste à la retraite (elle s'est balancée dans quatre-vingt-douze pays !), qui avait converti les traditionnels filets de sécurité de nylon en toiles d'araignée d'acier inoxydable. Voilà pourquoi nos volières sont montées comme des chapiteaux de cirque et semblent beaucoup plus légères que celles réalisées par des cabinets d'architectes traditionnels. Il aurait été plus simple de concevoir la carrière en fonction des contraintes d'installation du filet, mais Alicia n'était pas du genre à reculer devant ce type de difficulté. Et nous avons inauguré la volière en 2009 ! Je crois que non seulement Alicia a représenté un apport énorme pour le parc, mais qu'elle a aussi influencé notre vision de l'avenir de Doué.

Toutes proportions gardées, Bertrand Piccard a eu la même démarche pour penser son Solar Impulse : il a refusé d'en confier la conception à des ingénieurs spécialisés, pour la donner à des sociétés qui n'avaient jamais réalisé d'avions.

Dans la volière, l'immersion est totale, car on rentre « chez » nos oiseaux. Le visiteur se promène dans une évocation de canyons andins, en oubliant les filets qui en marquent la frontière aérienne. C'est surprenant de voir la réaction de ceux et celles qui sont survolés, à ras de tête, par des aras, des ibis... et des condors des Andes. Ces charognards ont la place, le volume nécessaires pour déployer leurs immenses ailes, en compagnie de vautours papes (qu'il faut en théorie appeler aujourd'hui sarcoramphes rois... *Sarcoramphus papa*) et de vautours à tête rouge (ou urubus à tête rouge, *Cathartes aura*). Trois des quatre espèces que l'on peut observer à Chaparri, ça vous étonne ? Je pense que c'est la seule volière au monde où des condors peuvent réellement voler, c'est-à-dire y tourner sans se poser constamment d'un perchoir à l'autre. En tout, trente-cinq espèces d'oiseaux habitués des falaises, des surplombs et de la roche vivent leur vie d'oiseaux dans ce grand chapiteau ouvert aux vents. Un dédale qui multiplie l'offre en niches écologiques pour les perroquets ou les ibis à face noire qui aiment y faire leurs nids. Au sol, pataugeant dans des mares, flamants roses, ibis rouges, spatules et autres échassiers se déplacent sur la pointe des griffes, comme s'ils avaient peur de marcher sur un tatou ou un poudou du Chili (*Pudu puda*), ce tout petit cervidé presque disparu des Andes.

En face, de l'autre côté du point de vue aménagé en hauteur pour les visiteurs afin qu'ils embrassent toute la volière, les oiseaux de la côte péruvienne, manchots de Humboldt (*Spheniscus humboldti*), sternes incas (*Larosterna inca*), et pélicans thages (*Pelecanus thagus*), font sécher leurs plumes sur fond de cascade. Chez beaucoup de nos collègues, les manchots vivent dans des aquariums géants ; ici, nous leur avons offert une volière. Serait-ce dans l'espoir secret qu'un jour nos très lointains descendants assistent à leur envol empêché par des millions d'années d'évolution ?

Une bourgeoise avec des collants zébrés

Notre volière sud-américaine, la plus grande en Europe, est une réussite étonnante, mais je n'avais pas imaginé au départ qu'elle aurait un tel impact émotionnel sur les gens, ni d'ailleurs sur les oiseaux eux-mêmes. Il faut dire que nos volatiles ont mis quelque temps à s'habituer à l'espace, puis à s'y installer. Ce n'est qu'après la deuxième saison, fin 2010, que nous avons ressenti un intense émoi, François et moi, quand, un soir, nous avons vu une centaine d'aras et autres perruches tourner autour de nous : nous avions gagné le pari de l'immersion... et de l'émotion ! Aujourd'hui, nous voyons chaque saison de nouveaux groupes sociaux apparaître, de nouvelles prises de bec pour l'espace ou la reproduction, de nouveaux partages de territoire. Comme dans la nature. Le signe de la réussite ? Nous avons fabriqué un vrai écosystème, artificiel, oui, mais qui fait réellement illusion car les oiseaux volent, se reproduisent, et s'organisent entre eux comme bon leur semble. C'est cela aussi, l'immersion ! Observer ce manège est du coup, pour moi, une source d'apprentissage éthologique et une chambre d'échos de tous les programmes de conservation *in situ* que nous avons mis en place en Amérique du Sud : les cris des flamants (*Phoenicopterus chilensis*), des conures à tête rouge (*Psittacara erythrogenys*), des aras, qui ont ici une vie tranquille, répondent à ceux de leurs parents du Chili, du Pérou et de Bolivie.

Le succès de la volière nous a inspirés pour le futur développement du parc, et nous avons décidé d'utiliser nos carrières ou celles à venir – qu'il faudra creuser – comme de réels caissons d'immersion où imaginer d'autres milieux dans lesquels nos visiteurs pourront prendre la mesure de la beauté et de la fragilité du monde animal.

À ce sujet, quand nous avions fait le tour des zoos hollandais et belges avec mon père, nous étions tombés sous le charme d'un animal mythique : l'okapi (*Okapia johnstoni*). Nous avions en conséquence fait une demande officielle pour recevoir cette espèce, dès 1982. Autant vous dire que je ne croyais plus à l'arrivée de cet oiseau rare à Doué, mais mon paysagiste de fils s'y accrochait toujours. Il avait depuis sa jeunesse un rêve : faire voisiner les okapis, forestiers, avec les girafes, icônes de la savane. Il voulait les présenter dans un fouillis de bambous et de verdure, dans une carrière totalement végétalisée, celle où tout avait commencé pour mon père en 1961, qui avoisine celle des girafes.

Quel drôle d'animal que l'okapi ! Pour un explorateur du tout début du XXe siècle, cet étrange ongulé ne pouvait qu'être la preuve des thèses de Darwin : une tête de girafe, mais avec des oreilles immenses et des pattes de zèbre, un chaînon manquant, la preuve de la filiation des espèces entre elles ! Pourtant, l'animal ne fut découvert qu'au plus profond des forêts de l'actuelle République démocratique du Congo, bien loin, donc, des grandes savanes où d'ordinaire l'on croise girafes et zèbres. Malgré tout, l'image demeure : j'entends tous les jours des mamans et des papas expliquer à leurs enfants que l'okapi est un hybride, un mélange de la duchesse à grand cou et du gros âne rayé. Une grande bourgeoise avec des collants zébrés. C'est en tout cas une fierté pour nous d'être aujourd'hui le deuxième zoo de France à présenter l'okapi (eh oui, quand les okapis furent une première fois disponibles en 2005, nous avions des rhinocéros à loger !).

Les okapis côtoient ici les paons du Congo (*Afropavo congensis*) et les cercopithèques à tête de hibou (*Cercopithecus hamlyni*), qui viennent de la même région de l'Ituri (nord-est frontalier du Congo). On les voit de temps en temps dire bonjour aux visiteurs circulant sur la passerelle, en compagnie de cette toute petite antilope forestière appelée céphalophe. Le céphalophe a été et reste pour les Africains qui vivent en forêt la source principale de protéines ; des dizaines de milliers sont piégés chaque année pour alimenter les marchés de brousse en viande boucanée. Cette antilope est ici plus au calme. Quoique : quand elle lève la tête, si elle ne les voit pas, elle entend, provenant du fouillis de branches et de lianes artificielles, touracos, calaos, cigognes, ombrettes (*Scopus umbretta*) et ibis, jabirus et vautours qui font comme dans la grande volière : ils volent en oubliant qu'un filet les empêche de retourner en Afrique. Je me demande toujours ce que les pigeons posés dessus, de l'autre côté, pensent d'eux. Est-ce qu'ils communiquent ? Ce qui est sûr, c'est que dans chacune de ces volières vit, hors plan de collection, un couple de choucas des tours qui n'a jamais voulu quitter le site lors de la pose du filet.

Le pari du Bioparc

Je me sens bien dans ce parc… Dès l'entrée, il me plaît. Du restaurant où nous mettons tout en œuvre pour servir bio et local, Le Camp des girafes, le convive domine la carrière où se promènent… des girafes et des zèbres de Grévy. Depuis la terrasse, il mange en regardant manger les grandes ruminantes, dans une proximité masticatoire qui, à mon avis, favorise l'immersion. On n'apprécie jamais mieux les bonnes choses qu'en en dégustant quelques-unes ! Dans le bâtiment du bar-restaurant, on a reconstitué une sorte de campement d'explorateurs avec plein de souvenirs rapportés d'Afrique depuis cinquante années de voyage. Il m'avait pourtant fait promettre de ne jamais revenir aux origines professionnelles de la famille ! L'essentiel est qu'à aucun moment le visiteur ne perde la promesse de nature qu'il s'est achetée à la billetterie. Même aux toilettes, croyez-moi, il est toujours en immersion.

Il y a une vingtaine d'années, j'étais au Panamá, dans le Darien, qui fait frontière avec la Colombie, une région peu fréquentable en termes de sécurité, mais qui a le mérite d'héberger les cousins sauvages de nos atèles noirs (*Ateles paniscus*). J'étais parti là-bas avec deux amis, dont l'un des créateurs du Cerza, un parc zoologique extensif, dirais-je, situé près de Lisieux en Normandie. Les soirées sont longues en forêt tropicale, surtout quand il pleut et que le singe est rare. Aussi, en discutant avec mon copain Thierry Jardin, le félicitai-je d'avoir choisi pour son parc un nom qui, *a priori*, ne veut rien dire, ou sonne comme un lieu-dit exotique. En réalité, Cerza signifie « Centre d'élevage et de recherche zoologiques augeron », nom de baptême imaginé pour éviter le terme de « zoo », qui ne reflétait pas le désir de ses fondateurs.

Je lui fis part de ma propre gêne par rapport au mot « zoo » et, le rhum aidant, j'en arrivai au terme de « bioparc », littéralement « parc de la vie », qui me semblait assez bien définir ce que j'imaginais de l'avenir de notre zoo. Mais il y a très loin d'une forêt tropicale très humide à un bureau angevin, et je reçus un accueil fort « tempéré » de mes collaborateurs à l'annonce de ce nom-trophée ramené d'outre-Atlantique. J'ai souvent pensé que la part angevine de ma généalogie m'a permis d'être plus déterminé que têtu, je pris donc la sage décision de déposer ce nom de Bioparc auprès de l'INPI en attendant qu'il soit plus adapté. C'est après que nos projets de conservation eurent mûri et que François nous eut rejoints en créant ses premiers espaces d'immersion que le nom de Bioparc s'imposa de nouveau à moi, dix ans plus tard. Cette fois, ma décision était prise, et François, Peggy et Manuel, notre responsable pédagogique, comprirent le bien-fondé de cette démarche. Le nom de Bioparc allait s'imposer définitivement à l'occasion de la date anniversaire des cinquante ans du parc.

Comprenez bien que ce patronyme est un défi, car nous nous efforçons de donner à nos animaux des conditions de vie aussi naturelles que possible en privilégiant justement l'enrichissement naturel. Mais surtout, nous maintenons vivante la connexion établie avec leurs cousins sauvages, ces ponts que nous avons jetés avec des associations qui, un peu partout dans le monde, se démènent pour sauvegarder telle ou telle espèce.

La présence au parc, chaque été, de nos amis sculpteurs n'y est notamment pas étrangère. En parlant de leur vie quotidienne à nos visiteurs, ils racontent les aléas de leur existence africaine ou asiatique au contact ou non d'une nature menacée, qui les inspire : le tigre de Sumatra peut faire peur, la girafe du Niger peut faire suer ; ils font partie de l'imaginaire collectif que ces artistes restituent, à leur façon. À la fois en créant devant les visiteurs et en leur expliquant pourquoi ces espèces emblématiques en sont là et comment ils ont le sentiment de participer à leur sauvegarde en étant présents au Bioparc chaque été.

Le pari de l'émerveillement doux

Cette (re)naissance du Bioparc doit beaucoup à mon fils, aux horizons qu'il a ouverts, de la même façon que la transformation de la ménagerie en zoo a dû beaucoup à ma persévérance, même si je veux croire que François a moins bataillé que moi pour convaincre son paternel... C'est lui qui, dès aujourd'hui, a les clés de l'avenir. Mais c'est ensemble que nous mettons sur pied un schéma directeur. Non pas une planification, mais plutôt les grandes orientations conformes à notre vision à long terme. Émerveiller le public par l'immersion dans un cadre enchanteur, afin de le sensibiliser, de le convaincre à la fois de la fragile beauté du vivant et de la simplicité des moyens permettant, *in situ*, de la protéger.

J'avais ouvert les perspectives et décoré l'espace ; François ordonne l'ensemble dans une orientation artistique. Il ne s'agit pas de reconstituer parfaitement les biotopes d'origine de nos animaux – ce qui serait impossible –, mais de créer des ambiances, en utilisant la végétation, les matériaux, le site, le soleil et l'eau. L'objectif est de montrer que la biodiversité est avant tout une diversité... d'enclos, de types de végétation, de matériaux, d'abris, de substrats, de caches, etc. Car plus un enclos est diversifié, moins il est monotone, plus l'animal a de liberté et peut exprimer un comportement naturel. Et c'est, bien entendu, plus pédagogique.

Comme certains spectacles ? Tssss, toujours la même question. Ils me gênent toujours un peu, même si je respecte le sérieux de mes collègues. Je me demande toujours si les gens se souviennent des oiseaux, ou du spectacle donné par les oiseaux. Le fond ou la forme ? Je crois que c'est la forme. Les gens ont vu des faucons et des aigles passer au ras de leurs casquettes pour essayer d'attraper des leurres, mais qu'auront-ils retenu d'autre ? Bien sûr, cela les aura rapprochés de ces animaux encore mal aimés, je veux le croire, mais le risque, me semble-t-il, est de les associer ainsi systématiquement à un plaisir immédiat, celui du spectacle. Un animal n'existerait que lorsqu'il est mis en scène, associé à un comportement, une musique, que sais-je encore, afin que l'on en ait pour son argent – le tarif est élevé pour entrer dans un parc zoologique. Notre pari est différent : nous voulons que les visiteurs ressortent avec l'animal en tête, tel qu'il est, pas avec ce qu'on lui a fait réaliser.

Pari difficile financièrement, car il peut paraître moins attractif que d'autres, tout en nous plaçant à l'extérieur de la mécanique infernale de l'escalade marketing. Nous devons aussi fidéliser et faire revenir nos visiteurs, faire évoluer notre affaire. Comment maintenir l'envie de venir chez les gens gavés d'offres toujours plus alléchantes ? Le Bioparc est situé à Doué-la-Fontaine, loin de l'accès à l'autoroute, de la gare, là-bas dans le sud de l'Anjou, à la frontière de la Vienne et des Deux-Sèvres. Le succès de parcs comme celui de Beauval repose sur une surenchère de présentations, de spectacles, de scénarisations, d'accueil d'espèces patrimoniales. Nous n'avons ni les moyens ni l'envie de faire pareil. Pour moi, pour nous, un « zoo » est avant tout là pour reconnecter le visiteur à la nature.

Son premier rôle visible reste la sensibilisation du public par son émerveillement. Mais un émerveillement doux, grâce à l'immersion, non point par le spectaculaire qui frustre aussitôt qu'il s'arrête. Notre « master plan » est avant tout guidé par l'évolution de notre collection et celle-ci par l'évolution de nos projets. Nous avons créé beaucoup de liens avec l'Amérique du Sud, notamment avec les pays andins : notre grande volière est le reflet de nos actions *in situ* au Pérou, en Argentine et en Bolivie. Nous réintroduisons des vautours dans la nature depuis plus de trente ans : nous aurons bientôt une nouvelle carrière, plus grande et mieux adaptée à la cure quotidienne organisée devant le public. Nous sommes le plus efficace soutien du Snow Leopard Trust en Europe : les panthères des neiges seront présentées dès 2017 dans un nouvel environnement rocheux, où le public sera plus à même d'apprécier leur mimétisme et de découvrir aussi leurs proies, les markhors, des bouquetins de l'Himalaya (*Capra falconeri*). Nous soutenons depuis 2005 un projet sur les tigres de Sumatra ainsi que les actions de Kalaweit pour les gibbons en Indonésie : nous construirons dans quelques années une immense structure indonésienne, en accord avec les recommandations de l'UICN (Union internationale pour la conservation de la nature) sur l'élevage en captivité de la faune menacée de cette région du monde.

GSMP pour une nature globale

Le pari essentiel est celui de l'immersion dans une planète en réduction : le bioparc, le zoo, le parc animalier, appelez-le comme vous voulez. Les grands aquariums tels que Nausicaa ou Océanopolis ont compris et mis en œuvre la chose bien avant nous, sans doute à cause de la très haute technicité des équipements nécessaires au maintien en vie de leurs espèces, et de la difficulté de bien observer celles-ci, ce qui les a obligés à réfléchir avant d'agir. Il est plus facile de présenter un zèbre dans un enclos que de montrer un requin dans un aquarium ! Le zèbre, on le pose dans un enclos, et c'est tout (ou presque). Le requin, outre son transport qui n'est déjà pas une mince affaire, doit être accueilli dans un aquarium, complexe à fabriquer et à entretenir. Quant à la qualité de l'eau, il faut qu'elle soit constante. Pas simple, non, vraiment pas ! Ce pari en appelle d'autres. Le pari de la conservation et de la sauvegarde des espèces menacées, tout d'abord.

Il devrait nous obliger à construire notre plan de collection en fonction des recommandations de l'UICN. Comme je vous l'ai expliqué, elle est par exemple très préoccupée par la situation des espèces de mammifères dans les forêts tropicales du Sud-Est asiatique qui subissent, plus que toute autre, la déforestation. Pour l'huile de palme, notamment à cause du brûlis qui les réduit en carbone et en cendres. Avec cette réduction drastique de leur habitat, de nombreuses populations de mammifères s'étiolent, et risquent même de disparaître. Parfois, c'est toute l'espèce qui subit ce risque, comme l'orang-outan, bien mal en point. Pour autant, en captivité, l'orang-outan de Sumatra a des exigences de discrétion qui nécessitent de l'espace, beaucoup d'espace, afin de lui ménager une vie d'orang-outan. Ce n'est pas simple de l'exposer au public. Cela dit, je ne suis pas à l'aise, vous le savez, avec les grands singes, trop proches de nous. Quand je les vois, je me vois, de l'autre côté de l'enclos.

D'une manière générale, l'objectif de conservation des espèces menacées est quelquefois difficile à atteindre à cause d'une réglementation mise en place à une époque où l'élevage *ex situ* n'apparaissait pas comme une solution efficace. Parqués dans des centres de recueil, loin des yeux du public (souvenez-vous de ce que m'avait dit Pierre Pfeffer à la fin des années 1970, cela correspond tout à fait à son idée de préservation des espèces rares), les animaux en question n'ont aucune chance de pouvoir se reproduire un jour, alors que leur patrimoine génétique est important pour la survie de leur espèce. Les réglementations nationales doivent donc évoluer afin que ces milliers d'individus captifs puissent participer à des programmes d'élevage, et ainsi augmenter leurs chances de transmettre leurs gènes. Or la position de l'UICN prise en faveur de cette proposition en 2005 n'a pas entraîné beaucoup de changements. Les zoos sont pourtant prêts, comme ils l'ont démontré dans le cadre des Global Species Management Plan (GSMP, programme de gestion globale des espèces), mis au point en 2003 par la World Association of Zoos and Aquaria (Association mondiale des zoos et aquariums).

Les GSMP proposent un cadre d'action et de gestion communes de la démographie et de la diversité génétique d'espèces très rares, qui considère tous les individus survivants, libres ou captifs, sur un continent ou l'autre, comme appartenant à une même population, dont chaque individu est nécessaire à la survie de l'espèce. Une vision globale passant par des actions locales, comme l'écologie.

La mise en place de ces actions est laborieuse, car elle se heurte aux réglementations mais aussi aux sensibilités locales. La première espèce visée en 2007, le bucorve du Sud (ou calao terrestre, *Bucorvus leadbeateri*), en fut privée. Le deuxième « taxon » concerné, comme disent les spécialistes, l'éléphant – d'Afrique et d'Asie –, dut être abandonné au bout de cinq ans, faute de résultats. Le gibbon cendré (ou gibbon de Java, *Hylobates moloch*), bien qu'extrêmement menacé, n'eut pas plus de chance en 2013 : son GSMP, adopté en 2009, ne fut pas reconduit après expiration, faute de résultats tangibles. La réussite arriva enfin avec le tigre de Sumatra (*Panthera tigris sumatrae*), une des sous-espèces de tigre les plus menacées au monde, dont le GSMP a été reconduit en 2012 après quatre années de bons et loyaux services. Quelques individus ont même pu être échangés entre l'Indonésie et l'Europe. D'autres programmes sont en cours, ils portent sur le panda roux (*Ailurus fulgens*), le garrulaxe du Père Courtois (*Garrulax courtoisi*, un passereau chinois), le tigre et la panthère de l'Amour (*Panthera tigris altaica* et *Panthera pardus orientalis*), ainsi que le dendrolague de Goodfellow (*Dendrolagus goodfellowi*, un kangourou arboricole de Nouvelle-Guinée).

Cela a mis près de dix ans à fonctionner mais aujourd'hui, on a la preuve que ça peut marcher, ce qui nous donne le devoir moral d'étendre les GSMP à d'autres espèces et, surtout, de les mieux populariser auprès des zoos, des autorités et du public. Si le tigre de Sumatra est un jour sauvé, ce sera en partie grâce aux efforts de nos établissements qui ont les outils numériques pour gérer la génétique de ces populations à bout de souffle, mais aussi parce qu'ils soutiennent des projets de conservation *in situ* remarquables. Je pense notamment à celui de notre collègue du zoo anglais de South Lakes qui finance depuis vingt ans (avec notre modeste participation) deux équipes de patrouilleurs et d'éducateurs, soit plus de trente personnes, dans deux parcs nationaux de Sumatra. C'est la preuve du succès de ce genre de programme, mêlant actions *ex* et *in situ* : des tigres, chassés par la déforestation et devenus dangereux pour certains villages, sont par exemple capturés pour être transférés vers d'autres réserves avec le concours et les compétences des équipes du Sumatran Tiger Trust. D'autres tigres, nés dans des zoos indonésiens, viennent se « marier » en Europe afin d'augmenter la probabilité que des patrimoines génétiques différents se mêlent. Des saillies interrégionales, interpopulationnelles, qui ont fait de ce GSMP la base de tous les autres programmes de gestion globale des espèces menacées.

Changer les mentalités

Pari de l'immersion, pari de la sauvegarde, pari, aussi, du respect de l'animal et de ses fondamentaux. Le prochain défi de nos parcs est de laisser les oiseaux… voler !

C'est un héritage des siècles passés car, encore aujourd'hui, on ampute l'aile de certains oiseaux (on dit qu'ils sont « éjointés ») le jour même de leur éclosion pour qu'ils puissent ensuite être présentés « libres » sur une jolie pelouse. C'est même une obligation réglementaire pour les éleveurs de canards exotiques : ils doivent éjointer leurs oiseaux afin qu'ils n'aillent pas, en cas de fuite, s'hybrider avec nos espèces locales, déjà suffisamment menacées par le mauvais état de notre environnement. Oui, mais les zoos ne sont pas seulement des centres d'élevage. En montrant leurs oiseaux au public, ils ont d'abord le devoir pédagogique de montrer qu'un oiseau, ça vole. D'autant qu'un oiseau incapable de décoller est une proie facile pour le plus chétif des renards – ceux-ci étant, à la campagne, des prédateurs bien connus des établissements comme le nôtre. L'éjointage, héritage des temps passés et reflet d'une façon de présenter les animaux bien éloignée de leurs besoins physiologiques, sera bientôt hors la loi pour les membres de l'EAZA.

Idem pour les mammifères, qui ont souvent besoin de se cacher pour se reproduire, ou, simplement, parce que c'est leur instinct qui le leur commande. Les singes qui m'avaient tant surpris sur leurs îles hollandaises ont besoin de caches, d'espace et de volume pour s'organiser en groupes hiérarchiques.

Pour bien comprendre cela, observez la marmotte en montagne. Quand vous en voyez une en train de siffler, c'est qu'il y en a beaucoup d'autres, planquées ou sur le qui-vive, qui dépendent de la barrière mentale dressée par le son de cette gardienne. Imaginez maintenant deux ou trois marmottes dans un zoo. Croyez-vous qu'elles pourront faire comme à la montagne, si elles sont placées dans un enclos trop petit, sans terriers, sans même qu'elles soient assez nombreuses ? Regardez simplement un mouton, qui ne peut pas vivre sans ses copains. L'âne qui brait dans son pré ? C'est parce qu'il recherche de la compagnie !

À l'inverse, la plupart des félins sont solitaires. Ils ne se retrouvent que pour la reproduction ; après quoi, mâle et femelle partent vivre leur vie séparément. La panthère, le guépard, le tigre sont des félins solitaires. Sauf au moment des chaleurs, où mâles et femelles se rapprochent là où leurs territoires se croisent, ce qui favorise les accouplements. Or, dans la plupart des zoos, ces animaux sont présentés en couple : cela perturbe leur système hormonal, qui est ainsi sous tension permanente. Parmi les félins, il n'y a guère que le lion qui aime la compagnie. Le lion règne, et les lionnes élèvent leurs petits en hardes. Comme les grands singes, chimpanzés et gorilles. Comme la plupart des canidés, tel le loup, même si cela pose pour nous des problèmes de gestion des groupes et des animaux rejetés : cela arrive dans la nature, cela arrive aussi au zoo, et il faut prévoir des enclos d'isolement pour ces animaux en attendant leur placement.

Bref, le zoo de demain devra mieux tenir compte du comportement animal, ainsi que des difficultés qu'entraînent les succès d'élevage : aujourd'hui, par exemple, on doit limiter la reproduction des pandas roux, autrefois si rares en captivité, parce qu'on la maîtrise désormais parfaitement. Depuis le début 2014 et la malheureuse affaire de l'abattage de Marius, le girafon danois dont les soigneurs ne savaient que faire car personne n'en voulait, les zoos qui veulent présenter un groupe reproducteur de girafes doivent s'engager à construire un enclos supplémentaire pour les jeunes mâles en surplus. Une gestion au jour le jour, qui demande des compétences assurées par les soigneurs, les vétérinaires et les spécialistes du comportement animal, les éthologistes.

L'immersion, c'est quoi ?

Pari de l'immersion, ai-je dit en préambule de ma vision du zoo de demain. Mais qu'est-ce que l'immersion, en définitive ? Tous les professionnels de sites touristiques ont ce mot à la bouche. Ce serait le secret de la réussite, du Puy du Fou au Futuroscope. Oui, qu'est-ce que l'immersion ?

Cela ne peut se résumer à peindre en vert les bâtiments, ni à laisser pousser le chèvrefeuille sur les grillages. Ce n'est pas uniquement la discrétion des équipements. Mais le rendu naturel des enclos, bien entendu, ainsi que l'expérience, l'oiseau qui vous frôle, le félin qui vous surprend. Faut-il aller jusqu'où vont les zoos des pays du Nord ? Sacrifier aux prédateurs les mâles d'ongulés en surplus, ceux qui se reproduisent trop facilement, avec l'argument que, s'ils ont été élevés par leurs parents jusqu'à un certain âge, le contrat du zoo a été rempli ? Pas certain que nos mentalités latines soient prêtes à admettre ce genre de pratiques, pour l'instant tout du moins.

L'immersion peut aussi être guidée par la voix d'un conteur, la main d'un sculpteur, ou, le plus simplement du monde, par les explications des soigneurs. Un élément fondamental du décor, pour ne pas se laisser abuser par le trop-plein d'émotions générées par la vue de la vallée des rhinocéros. Qu'est-ce que je vois ? Qu'est-ce que je dois y voir ? Pourquoi ces rhinos apprécient-ils de se vautrer dans ces mares boueuses ? Pourquoi ai-je l'impression qu'ils sont bien ? Pourquoi avoir construit le site ainsi ? Qu'est-ce qu'ils mangent ?...

Tout cela sensibilise nos visiteurs aux enjeux de la biodiversité. Ils comprennent que les animaux qu'ils observent font partie de l'immense diaspora animale qui les unit à leurs cousins, ceux restés au pays et tous ceux disséminés dans le monde des zoos.

Jusqu'où irons-nous ? Je pense que François aimerait utiliser les cinq hectares que nous avons pu acheter près du parc pour que nos visiteurs vivent une expérience complémentaire. Pourquoi pas un hébergement combinant l'architecture troglodytique et l'observation des animaux ? Pour cela, je fais confiance à son imagination et à sa créativité. Prolonger la visite, magnifier l'immersion, la convertir en un souvenir inoubliable : finalement, ne serions-nous pas des marchands de rêves ?

Je me répète, j'aime me promener dans le parc, je ne peux m'empêcher d'arracher un brin d'herbe ou d'inciter les lémuriens à rugir, ou aboyer, tout dépend comme on l'entend. Je ne peux m'empêcher, moi l'enfant de bistrot, de discuter avec tout le monde, de répondre aux questions, de faire rire les enfants. Je ne peux pas ne pas parler de nos actions *in situ*, tant elles sont indissociables de ce que nous offrons ici au visiteur. Je veux que les gens oublient qu'il y a ici des barrières, parce que je veux qu'ils sentent que nous sommes une ambassade de cette communauté animale dispersée. Mais qu'ils n'oublient pas néanmoins qu'un animal restera toujours un animal. Je veux qu'ils comprennent que leur humanité est une animalité endormie, qu'ils ont besoin de nature pour vivre de manière apaisée. Je veux qu'ils admettent qu'en dépit du confort incroyable de nos vies, l'essentiel est dans l'écoute de leurs sens. Je veux qu'ils retrouvent le plaisir de marcher, de sentir, d'entendre, de voir, de regarder les yeux grands ouverts de leurs enfants. Je veux qu'ils aient envie de laisser pousser leur pelouse avec ses « mauvaises » herbes parce que, parmi elles, leur enfant découvrira un jour une orchidée. Je veux qu'ils fassent le lien entre les animaux qu'ils découvrent ici et ceux qu'ils ont vus à la télé, qu'ils sachent que l'homme est responsable de ce qu'ils voient. Je veux qu'ils soient sûrs que quand l'homme détruit des habitats naturels, c'est le plus souvent pour se nourrir, rarement par appât du gain, parce que l'essentiel de l'humanité est pauvre, a faim, et que cette inégalité-là est la même partout dans le monde, y compris chez nous. Je veux que, pour notre visiteur, l'animal ne soit plus un animal mais le reflet de notre société et de notre culture. J'aimerais voir encore dans ces allées mon père se promener sous son chapeau, mon fils ouvrir de nouveaux horizons et mes petits-fils découvrir des dents de requin fossiles.

Projets nature soutenus par le bioparc de Doué-la-Fontaine

Amérique Latine

• Renaissance de l'écosystème de forêt sèche au Pérou :
Réserve écologique de Chaparri & Aires côtières
Association Tu Tierra
www.chaparri.org

• Protection des condors des Andes en Argentine
Association BioAndina
www.bioandina.org.ar
www.facebook.com/ProgramaConservacionCondor-Andino

• Réintroduction des atèles à tête rousse en Équateur
Association Washu
www.proyectowashu.org
www.facebook.com/proyectowashu.org/

• Conservation de l'ara de Lafresnaye en Bolivie
Association Armonia
http://www.armonia-bo.org/
www.facebook.com/asociacion.civilarmonia

Afrique

• Protection du dernier troupeau d'Afrique de l'Ouest
Association pour la sauvegarde des girafes du Niger
Pas de site Internet

• Conservation durable d'une forêt primaire de Madagascar
ONG Antongil Conservation
Pas de site Internet

• Conservation de l'okapi en République démocratique du Congo
Okapi Conservation Project
www.okapiconservation.org

• Protection de l'hippopotame pygmée en Guinée Équatoriale
Association Sylvatrop
www.sylvatrop.eu
www.facebook.com/sylvatrop

Asie

• Conservation des gibbons en Indonésie
Association Kalaweit
www.kalaweit.org
www.facebook.com/chanee.kalaweit

• Conservation du panda roux au Népal
Red Panda Net Work
www.redpandanetwork.org
www.facebook.com/redpandanetwork

• Protection de la panthère des neiges en Mongolie
Snow Leopard Trust
www.snowleopard.org
www.facebook.com/snowleopard.org

• Sauvegarde des tigres de Sumatra en Indonésie
Sumatran Tiger Trust
www.tigertrust.info
www.facebook.com/SumatranTigerTrust

Europe

• Réintroduction de l'ibis chauve en Espagne
Zoo de Jerez
www.zoobotanicojerez.com

- Réintroduction du vautour moine en France

Ligue pour la protection des oiseaux
www.lpo.fr
Vulture Conservation Fund
www.4vultures.org
www.facebook.com/vultureconservationfoundation/

- Renforcement des vautours percnoptères en France

Association CEN-PACA (Conservatoire d'espaces naturels de Provence-Alpes-Côte-d'Azur)
www.cen-paca.org

- Restauration des populations de vautours en Bulgarie

ONG FWFF
www.fwff.org
www.facebook.com/fwff.org

Et tous nos coups de pouce

Pour le gibbon hoolock, le grand hapalémur, le cercopithèque Roloway, le guépard, les chauves-souris...

Bibliographie

A. Bougrain-Dubourg, *Il faut continuer de marcher*, Éditions de La Martinière, Paris, 2015

W. Conway, « The role of zoos in the 21st century », in *International Zoo Yearbook*, Volume 38, Issue 1, pages 7–13, Zoological Society of London, janvier 2003

J. M. Derex, *Les zoos de Paris, histoire de la ménagerie du Jardin des Plantes*, Éditions Patrimoines & Médias, Prahecq, 2012

G. Durrell, *Un zoo dans mes bagages*, Stock, Paris, 1973

G. Durell, *L'Arche immobile*, Stock, Paris, 1977

J. FA, S. FUNK, D. O'CONNELL, *Zoo Conservation Biology*, Cambridge, Éditions Cambridge University Press, 2011

J. H. Falk ; E. M. Reinhard ; C. L. Vernon ; Bronnenkant, K. ; Deans, N.L. ; Heimlich, J.E., (2007). *Why Zoos & Aquariums Matter: Assessing the Impact of a Visit.* Association of Zoos & Aquariums. Silver Spring, MD.

P. Gay, *Des zoos pour quoi faire ?*, Delachaux et Niestlé, Lausanne, 2005

G. Loisel, *Histoire des ménageries de l'Antiquité à nos jours*, Éditions O. Doin et fils et Henri Laurens, Paris, 1912

J.-J. Petter & Y. Laissus, *Les Animaux du Muséum, 1793-1993*, La Documentation française, Paris, 1993

P. Pfeffer, *Bivouacs à Bornéo*, Flammarion, Paris, 1963

D. Pinon et M. Leclerc-Cassan, *Le Parc zoologique de Paris : des origines à la rénovation*, Somogy, Paris, 2014

A. Sheridan, *What Zoos Can Do: The Leading Zoological Gardens of Europe 2010-2020*, Schuling Verlag, 2011

F. Richaud, *La Ménagerie de Versailles*, Le Livre de Poche, Paris, 2008.

WAZA, *Building a Future for Wildlife, The World Zoo and Aquarium Conservation Strategy*, WASA executive office, Berne, Suisse, 2005

ACHEVÉ D'IMPRIMER EN MARS 2016
SUR LES PRESSES DE NORMANDIE ROTO S.A.S. À LONRAI
N° D'IMPRESSION : 1600899
IMPRIMÉ EN FRANCE